Ruth Maina

Resiliência face ao urbanismo insurgente

Ruth Maina

Resiliência face ao urbanismo insurgente

ScienciaScripts

Cover image: www.ingimage.com

This book is a translation from the original published under ISBN 978-620-2-19932-2.

Publisher:
Sciencia Scripts
is a trademark of
Dodo Books Indian Ocean Ltd. and OmniScriptum S.R.L publishing group

120 High Road, East Finchley, London, N2 9ED, United Kingdom
Str. Armeneasca 28/1, office 1, Chisinau MD-2012, Republic of Moldova, Europe
Printed at: see last page
ISBN: 978-620-8-05880-7

Índice

Se já vi mais longe, foi por me ter apoiado nos ombros de gigantes - Sir Isaac Newton.

Aos meus gigantes, James e Mary Maina.

Agradecimentos

Esta tese é o culminar de um programa de mestrado de dois anos e foi moldada pela perceção de numerosas palestras e discussões coloridas em três universidades fantásticas: Universidade Autónoma de Barcelona, Universidade de Aveiro e Universidade de Aalborg.

Gostaria de agradecer especificamente à Universidade de Aalborg e a toda a fraternidade JEMES Cidades e Sustentabilidade por me terem dado a oportunidade de escrever sobre um tema que me é muito caro. Gostaria de agradecer muito especialmente aos meus supervisores, Dr. Martin Lehman e Dr. Jacob Ravn, que têm sido uma grande fonte de informação, inspiração e apoio. As palavras, por si só, não conseguem exprimir a gratidão que sinto pela assistência e orientação que me deram ao longo deste processo. Gostaria também de agradecer a todos os meus colegas de turma que, contra a sua vontade, se tornaram meus amigos. São-vos muito queridos.

Para além disso, gostaria de agradecer a todas as pessoas que me ajudaram durante o meu trabalho de campo: Sra. Marion Rono e Eng. Sammy Sileche (Conselho do Condado de Nairobi), Sr. Thomas Nyamwaro (KENSUP), Sr. Joshua Mulandi (UN-Habitat) e Sr. Josiah Omotto, Sra. Aidah Ebrahim e Fred Amuok (Umande Trust). Sem o vosso apoio e informação, esta tese não teria sido realizada como foi. Espero que o meu trabalho possa contribuir para os vossos esforços no sentido de alcançar estes nobres objectivos que estabeleceram para si próprios e para as suas organizações.

Por último, e mais importante, por me ter dado a oportunidade de sonhar, muitas vezes para além das minhas capacidades, gostaria de agradecer à minha família, em toda a sua extensão. Em Deus, confiámos e superámos magníficas adversidades para chegar até aqui.

1. FORMULAÇÃO DE PROBLEMAS

1.1. Introdução

Este século assistiu a uma deslocação significativa do crescimento urbano do Norte global para o Sul global, com as megacidades e metacidades a serem cada vez mais observadas no Sul em desenvolvimento, com aproximadamente 90% do crescimento urbano previsto em países de baixo e médio rendimento (Nações Unidas, 2014). Esta situação conduziu inevitavelmente a um aumento das práticas de planeamento não convencionais (Roy, 2005). Há uma percentagem crescente de residentes urbanos que vivem em assentamentos não planeados e sobrelotados, com pouco ou nenhum acesso a serviços básicos (Vanessa Watson, 2012). Os bairros de lata nas cidades do Sul[1] transformaram-se da anomalia urbana descrita por Peter Marris (1979) na norma. De acordo com as estimativas da UN-Habitat (2003), mais de 30% da população urbana das cidades do Sul vive em bairros degradados. Este número aumenta para 72% na África Subsariana, à medida que a população transita de populações rurais para populações urbanas. Estatísticas chocantes dos 49 países menos desenvolvidos indicam que uma população muito maior pode viver em bairros de lata, com registos de 99,4% na Etiópia e até 98,5% no Afeganistão. Esta transição tem sido confrontada com muitas dificuldades, uma vez que "as cidades não conseguiram planear nem acompanhar o ritmo desta transformação" (Shrestha e Aranya, 2015).

1 As cidades do Sul são cidades que se estão a desenvolver no chamado Sul global, ou seja, em África, no Leste e Sudeste Asiático e na América Latina.

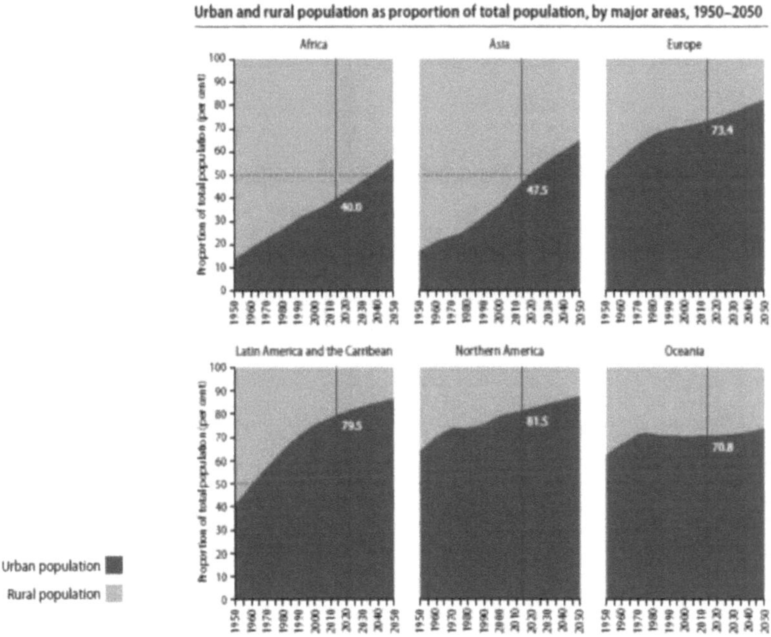

Figure 1: Global Urbanisation trends (Source: World Urban Prospects - United Nations, 2014; 8)

À medida que o mundo continua a urbanizar-se, os desafios do desenvolvimento sustentável concentrar-se-ão cada vez mais nas cidades dos países de rendimento médio-baixo, onde a urbanização é mais rápida (Nações Unidas, 2014). O desenvolvimento de assentamentos não convencionais, especialmente pelos pobres urbanos, tem, portanto, levado ao surgimento de "favelas"[2] , o que levou a iniciativas focadas na erradicação em oposição ao redesenvolvimento. Uma dessas iniciativas foi a base da agenda da ONU-Habitat de 2003 "cidades sem bairros de lata" até 2020. Estas campanhas implicaram que as cidades, especialmente as cidades do Sul, podem livrar-se dos aglomerados informais. No entanto, académicos como Gilbert (2007) consideram este conceito bastante irrealista, uma vez que os números continuam a crescer. No entanto, à medida que as populações aumentam nos bairros de lata, também aumentam as vulnerabilidades que enfrentam, o que se torna um problema não só para os cidadãos dentro do aglomerado, mas também para a cidade onde os aglomerados estão localizados (UN-Habitat, 2003). A redução destas vulnerabilidades torna-se, portanto, fundamental para a sobrevivência de todo o espaço urbano. O problema que este documento abordará é, portanto, a forma como as vulnerabilidades que surgem

2 O termo "bairro de lata" - trazido de volta pelas agências de desenvolvimento na década de 1990 - tem sido fortemente criticado pela comunidade de investigadores, uma vez que é equiparado a pobreza grave, crime e estigmatização por parte das autoridades formais.

no urbanismo insurreto no Sul global podem ser reduzidas para garantir que toda a cidade permanece resiliente.

1.2. Resiliência, Insurgência Urbanismo e Sociedade Civil nas Cidades do Sul

1.2.1. Urbanismo Insurgente

Infelizmente, a narrativa da erradicação dos bairros degradados, muitas vezes impulsionada por organizações internacionais, tem sido e continua a ser a base de muitas agendas nacionais de requalificação de bairros degradados; mesmo quando estas organizações começam a apreciar as dificuldades decorrentes da erradicação dos bairros degradados e a reconhecer os desenvolvimentos dos bairros degradados como tipologias independentes de assentamento humano (UN-Habitat, 2016). Seja qual for o caso, a Conferência das Nações Unidas sobre Desenvolvimento Sustentável Rio+20, "O futuro que queremos", reconhece que tanto a situação dos pobres urbanos como a necessidade de cidades sustentáveis são questões de grande urgência. Este facto é bem visível nos Objectivos de Desenvolvimento Sustentável (ODS), empenhados na redução da pobreza (ODS-1), na promoção de cidades e comunidades sustentáveis (ODS-11) e no reforço das parcerias de implementação (ODS-17), que são também as principais áreas de preocupação desta investigação. O documento Habitat III (2016, art. 25) foi ainda mais longe ao afirmar que:

"[Reconhecemos] que a crescente desigualdade e a persistência de múltiplas formas e dimensões da pobreza, incluindo o número crescente de habitantes de bairros de lata e de aglomerados informais, está a afetar tanto os países desenvolvidos como os países em desenvolvimento, e que a organização espacial, a acessibilidade e a conceção do espaço urbano, bem como as infra-estruturas e a prestação de serviços básicos, juntamente com as políticas de desenvolvimento, podem promover ou dificultar a coesão social, a igualdade e a inclusão."

No entanto, o processo de alívio da pobreza através da redução dos bairros de lata, especialmente nas zonas urbanas das cidades do Sul, trouxe consigo vários problemas. Estes problemas surgem à medida que centenas de milhões de pobres urbanos nas cidades em desenvolvimento de todo o mundo continuam a viver em ambientes inseguros que enfrentam múltiplas ameaças e uma vulnerabilidade acrescida aos riscos naturais e de origem humana (Banco Mundial, UNHabitat, 2008). Com o desenvolvimento dos bairros de lata a ser equiparado à pobreza (Roy, 2005), existe uma compreensão injusta do que são os bairros de lata e, mais ainda, das suas necessidades. Uma descrição feita por Mike Davis (2006) é bastante reveladora na medida em que ele argumenta que "estes 'bairros urbanos degradados' são o território a partir do qual a insurreição surgirá", o que implica que os bairros de lata não são apenas pobres mas também perigosos para a cidade.

No entanto, a insurgência[3] no âmbito do desenvolvimento dos bairros degradados não é, por si só, uma coisa inteiramente má. Os pobres urbanos, devido à negligência dos processos legais e formais, tiveram de depender de práticas de planeamento insurgentes para definir os seus espaços (Miraftab, 2009; Velychko, 2013; Shrestha e Aranya, 2015). Planejadores como Hall e Pfeiffer (2000) usaram essas práticas para radicalizar o conceito de favelas ou, como De Soto (2000), romantizaram a prática de planejamento insurgente a ponto de não haver mudanças reais. Em vez disso, os planeadores devem estudar como e por quem tais aglomerados são planeados e implementados. As diferentes regras e regulamentos que regem os pobres urbanos e a elite urbana também contribuem para o urbanismo insurreto, uma vez que os pobres se esforçam por criar um espaço para si próprios separado do sistema formal e legal. A preocupação aqui é saber qual o papel que o sistema formal desempenha na promoção de práticas de planeamento insurgentes.

As representações erróneas e os pressupostos da evolução dos bairros degradados conduziram a uma análise mais crítica dos estudos urbanos nas cidades do Sul. Até muito recentemente, uma parte significativa da literatura e da investigação dominantes foi gerada em cidades do Norte e não teve em conta as realidades e os processos de urbanização no Sul global (Parnell e Oldfield, 2013; Roy, 2002). Os processos dominantes que regem a produção de conhecimento urbano representam sempre o perigo de ideias mal apropriadas, distorcidas ou subdesenvolvidas quando aplicadas em cidades com processos de urbanização variáveis (Roy, 2005). É, por isso, importante que as teorias actuais sejam diversificadas e adaptadas às crescentes desigualdades urbanas, às diferentes preocupações políticas e às diversas práticas de planeamento experimentadas em diferentes tipos de ambientes urbanos. [4]Nas cidades do Sul, observou-se que a autoridade tradicional, a religião e a informalidade são tão relevantes para a paisagem urbana como quaisquer outras teorias e políticas urbanas modernas (Parnell e Robinson, 2013; Sanyal, 2005; Watson 2013), que se afastam da teoria urbana desenvolvida a partir do modelo da Escola de Chicago[5] de crescimento urbano, que promove

3 A insurgência, neste documento, é definida por Hall e Pfeiffer (2000) como (uma) cidade sem qualquer referência a todo o aparelho burocrático de planeamento e controlo da cidade formal vizinha"

4 O planeamento formal neste documento será orientado pela abordagem clínica promovida pelo modelo original da Escola de Chicago (anos 1920/30), que se concentrava na resolução de problemas urbanos sociais através do planeamento urbano funcional desenvolvido por profissionais e estritamente ditado por regulamentos urbanos formais que não incentivavam o papel da sociologia humana no desenvolvimento da sociedade e do espaço urbano (Maina & Hsiao, 2016)

5 O modelo de Chicago foi definido por Robert Parks como uma organização da cidade baseada (a) na distribuição espacial das pessoas e das instituições afectadas (b) na base de recursos, nos valores dos terrenos e nos meios de transporte e comunicação. Geralmente seguindo um modelo de círculo concêntrico. Este modelo tem sido a base de muitos planos urbanos modernos e pós-modernos.

requalificação do espaço em vez de melhorarem as capacidades e os meios de subsistência das pessoas.

1.2.2. A sociedade civil

Ignorar os verdadeiros problemas que afectam os bairros informais criou um vazio que foi preenchido pelas sociedades civis e pelas Organizações Não Governamentais (ONG) para prestar serviços que, de outro modo, deveriam ser prestados pelo Estado. Isto tornou-se crítico, uma vez que o urbanismo insurreto não afecta apenas os pobres, mas também fornece serviços essenciais à elite em muitas cidades do Sul (Roy e AlSayaad, 2004). Na década de 1990, uma nova geração de programas de redução da pobreza ganhou popularidade a nível mundial, com planos como a habitação de autoajuda, as microempresas e as iniciativas comunitárias (Roy, 2005). Apesar de algumas dessas iniciativas apresentarem sucessos variados, a informalidade ainda é vista pela maioria dos órgãos governamentais como uma questão local que só pode ser resolvida com soluções locais. No entanto, Batliwala (2002), na sua pesquisa sobre actores transnacionais, estabelece que muitos movimentos de base de grupos pobres e marginalizados estão a desafiar o foco estreito da localidade. Esta globalização das questões locais está a moldar cada vez mais as políticas internacionais e nacionais.

Embora a sociedade civil e as ONGs tenham intervindo para ajudar as comunidades insurrectas a reduzir as suas vulnerabilidades, são conceptualizadas pelo Estado que, em última análise, define até que ponto podem ajudar eficazmente os esforços de insurreição (Watson, 2002). No entanto, a sociedade civil, da qual fazem parte as ONGs e os movimentos sociais, é um conceito cada vez mais popular nas reformas democráticas e políticas em África (Allen 1997). Este facto foi ainda reiterado por Cox (1999), que afirma que as pessoas desfavorecidas pela globalização das economias mundiais procuram alternativas através de grupos da sociedade civil, uma vez que estes constituem um sistema distinto do Estado e muitas vezes em conflito com este. O desafio, porém, reside na sua transparência e responsabilidade, uma vez que as ONG e as sociedades civis tendem a ver as suas obrigações para com a comunidade ofuscadas pelas obrigações para com os seus doadores financeiros (Roy, 2002; Edwards 1999). Além disso, a relação crescente entre os movimentos civis e a classe política esbateu as verdadeiras razões que criaram a necessidade dos movimentos (Batliwala, 2002). A avaliação da ação da sociedade civil revelou deficiências no desempenho, uma vez que muitas ONG adoptam uma abordagem "de cima para baixo" que acaba por não chegar às comunidades mais vulneráveis (Marcussen, 1996). A preocupação, portanto, é saber se a relação das ONGs com os doadores e as organizações governamentais afecta a ajuda ou ameaça a resistência das populações urbanas pobres.

Miraftab (2009), no entanto, insiste que a sociedade civil é importante porque ajuda a distinguir o espaço insurgente definido pelas acções de base das comunidades marginalizadas e das sociedades civis aliadas do espaço convidado ou formal geralmente ditado por regulamentos e leis. Hearn (2001) contrapõe, no entanto, que, devido às intervenções mencionadas por Batliwala, a autonomia de que a sociedade civil outrora gozava está a diminuir, uma vez que depende cada vez mais de organizações externas. O paradigma atual em África aponta para a criação de relações mais estreitas entre as sociedades civis e os governos, uma vez que os doadores e as organizações internacionais exigem parcerias para garantir a equidade e a responsabilidade. Estas parcerias podem levar a minar as soluções criadas pelas práticas de planeamento insurgentes, em vez de desafiar o status quo social e político existente (Katz, 2006).

Por outro lado, a falta de apoio governamental pode impedir que as ideias de desenvolvimento sejam plenamente institucionalizadas e, por conseguinte, abrandar os processos positivos impulsionados pela insurreição (Watson, 2002). A sociedade civil, tal como foi concebida por Gramsci (1971), deve preencher o espaço entre as classes dominantes e as classes marginalizadas com o objetivo de desafiar a ordem social existente. Parte do preenchimento deste espaço passa pela criação de redes e pela abertura de canais de comunicação a uma variedade de populações e organizações, o que conduz com sucesso à implementação de diferentes ideologias e estratégias de ação (Khagram, 2002; Diani, 2003). O planeamento comunicativo é um dos principais destaques da maior parte da literatura sobre urbanismo insurreto e sociedade civil. Por esta razão, as sociedades civis permanecem enraizadas no tecido das comunidades insurrectas e tornam-se a voz necessária para defender a inclusão.

1.2.3. O discurso sobre a resiliência

Um papel importante que as sociedades civis desempenham é a redução das vulnerabilidades nos aglomerados informais. Estas vulnerabilidades são frequentemente marginalizadas, levando as comunidades a organizarem-se através de redes da sociedade civil (Katz, 2006). No entanto, mesmo com o aumento do poder das sociedades civis nas comunidades insurrectas, os conceitos emergentes de planeamento, como a sustentabilidade, a habitabilidade e a resiliência, continuam a desenvolver-se e a evoluir nas zonas formais das cidades. Estes conceitos podem ser a chave para reforçar a capacidade das comunidades locais, prestar os tão necessários serviços básicos e apoiar as actividades económicas. Isto, por conseguinte, levanta a questão de saber se a eliminação da insurreição melhora significativamente os padrões de vida de toda a cidade, especialmente tendo em conta que está completamente enraizada em muitas cidades do Sul global.

Um dos discursos urbanos emergentes que pode ser utilizado para construir um argumento a favor da insurreição é a resiliência urbana[7] . Isto deve-se ao facto de se centrar na inclusão social[8] ,na urbanização inclusiva e na defesa de um direito igual à cidade[9] (Kuecker, n.d.). A resiliência também está ligada ao discurso atual da sustentabilidade e da habitabilidade no seu objetivo geral de melhorar os meios de subsistência dos cidadãos urbanos. Levin et al. (1998) referem que a resiliência é a forma preferida de pensar os conceitos de sustentabilidade nos sistemas sociais e naturais. De acordo com a investigação da Aliança para a Resiliência[10] , um sistema pode ser considerado resiliente se tiver uma capacidade de adaptação e for robusto, ou seja, se tiver a capacidade de gerir choques e tensões sem mais adaptações (Perrings, 2006). O conceito de resiliência é, portanto, importante na medida em que se torna uma condição necessária para a sustentabilidade urbana a longo prazo, ao mesmo tempo que promove conceitos urbanos que melhoram a experiência de vida quotidiana dos cidadãos.

A teoria da resiliência tem o desafio de definir a igualdade e a equidade urbanas para garantir que todos os cidadãos são tidos em conta e envolvidos[11] . A publicação do ICLEI[12] sobre resiliência (2016) afirma que a resiliência urbana deve ter sempre em conta uma abordagem ascendente ao considerar a segurança da habitação, o acesso a serviços básicos e a governação inclusiva, questões que são também motores fundamentais do urbanismo insurgente e da sociedade civil. Estas considerações são fundamentais para mudar a forma como os governos locais comunicam com os seus cidadãos marginalizados. Um processo participativo aborda os desequilíbrios de poder no quadro da cidade e proporciona um espaço em que as comunidades insurrectas estão ativamente envolvidas. Isto cria um canal importante para compreender como as vulnerabilidades são adquiridas e, consequentemente, tratadas nas diferentes classes das cidades.

---

7 A resiliência urbana é a capacidade dos indivíduos, das comunidades, das instituições, das empresas e dos sistemas de uma cidade para sobreviver, adaptar-se e crescer, independentemente dos tipos de stress crónico e de choques agudos que sofram. (Rockefeller 100 Resilient Cities Framework, 2013; ICLEI, 2015)

8 O quadro de resiliência baseia-se em quatro dimensões essenciais da resiliência urbana: Saúde e bem-estar; Economia e sociedade; Infra-estruturas e ambiente; e Liderança e estratégia. (Quadro Rockefeller 100 Cidades Resilientes)

9 O "direito à cidade" é uma ideia que foi proposta pela primeira vez por Henri Lefebvre no seu livro de 1968 Le Droit à la ville e mais tarde desenvolvida por David Harvey como a liberdade de fazer e refazer as nossas cidades e a nós próprios, considerando o bem comum acima do bem individual.

10 A Resilience Alliance é uma organização de investigação que se centra na resiliência dos sistemas sócio-ecológicos como base para a sustentabilidade.

11Consultar 'Understanding Resilience and its Effect on Cities'. Maina e Hsiao (2016), Não publicado

12 O ICLEI - Governos Locais pela Sustentabilidade é uma rede global de mais de 1.500 cidades, vilas e regiões empenhadas em construir um futuro sustentável através de iniciativas sustentáveis, de baixo carbono, resilientes, eficientes em termos de recursos e produtivas.

Das 100 cidades resilientes escolhidas pela Fundação Rockefeller, 48 são cidades do Sul, o que indica que estão interessadas em participar e conduzir o debate sobre a resiliência a nível mundial. As cidades do Sul também têm estado envolvidas na formação de debates em organismos como o ICLEI, a UN-Habitat e a Aliança para a Resiliência, criando plataformas nas quais estas cidades podem direcionar o diálogo para as suas próprias realidades. Embora seja importante reconhecer as diferenças entre as tendências de urbanização no Norte global e no Sul global, é igualmente importante compreender que os conceitos e teorias urbanas devem ser adaptados às realidades específicas das cidades.

1.3. Encontrar as lacunas

Esta investigação reconhece que a pobreza não é uma reserva do Sul global, nem o planeamento insurgente. No entanto, ao centrar o conceito e o âmbito da resiliência nas desigualdades urbanas e nas diferentes dinâmicas que moldam as cidades em desenvolvimento, estas teorias podem ser utilizadas para desafiar os sistemas globais de processos urbanos. Uma vasta gama de condições, como a pobreza, a informalidade e o tradicionalismo, que ocorrem na vida quotidiana das cidades do Sul, pode ser totalmente incorporada na teoria urbana moderna através da análise da prática urbana em cidades em rápido desenvolvimento (Parnell e Robinson, 2013). A insurgência, portanto, deixa de ser um conceito ocidental mal apropriado e passa a fazer parte das práticas de planeamento que são constantemente emprestadas e replicadas além-fronteiras em todo o mundo. A questão da resiliência no seio das comunidades de planeamento insurgentes, através da sua interação com as organizações que as rodeiam e apoiam, torna-se, por conseguinte, fundamental para dar forma a estas novas teorias. No entanto, isto deve ser efectuado de forma muito crítica porque, como refere Hearn (2001), as parcerias criadas entre governos, ONG e financiadores têm o potencial de limitar as soluções inovadoras necessárias para reduzir as vulnerabilidades das comunidades desfavorecidas e marginalizadas.

O objetivo do documento é compreender quais as ferramentas necessárias para alcançar qualidades de resiliência nas
cidades do Sul que se desenvolvem sob um urbanismo insurgente.

Para compreender melhor este tópico, as seguintes questões devem ser aplicadas aos estudos de caso:

- Quais são as "realidades teimosas" que o urbanismo insurgente enfrenta?
- Onde é que as práticas formais de planeamento nas cidades do Sul falham no controlo das

vulnerabilidades encontradas nos bairros insurrectos?

- Como é que as parcerias entre a sociedade civil, os cidadãos e as autoridades judiciais desenvolvem a resiliência urbana nas comunidades insurrectas?

- Como é que o processo de urbanização dos bairros degradados pode ser integrado no funcionamento global da cidade?

O documento continua a sua discussão em três partes. A primeira parte descreverá a metodologia que o investigador utiliza para desenvolver a teoria já desenvolvida apresentada no capítulo 1. A segunda parte analisará mais profundamente a questão de como a resiliência e a vulnerabilidade são trocadas numa cidade dupla com práticas de planeamento formais e insurreccionais. Também se centrará na forma como as sociedades civis, as ONG e as autoridades nacionais e locais interagem para aumentar ou reduzir estas vulnerabilidades. Isto será efectuado através de uma análise documental e de entrevistas. Esta secção também ajudará a clarificar os desafios que podem surgir destes processos de planeamento, centrando-se em dois estudos de caso: um desenvolvido através de processos formais de melhoria de bairros degradados e o outro através de esforços de insurreição. Os estudos de caso fornecerão uma perspetiva e uma análise da vida real sobre o assunto. Finalmente, o documento concluirá com as lições aprendidas e algumas recomendações que poderão ser aplicadas em estudos futuros.

2. RECOLHA E ANÁLISE DE DADOS

'. ... o poder dos discursos dominantes pode ser desafiado ao nível do diálogo; através do poder do discurso conhecedor e reflexivo; através de bons argumentos; e através das transformações que surgem à medida que as pessoas aprendem a compreender e a respeitar-se mutuamente através das suas diferenças e conflitos' (Healey, 1999:119).

Esta investigação adoptou uma abordagem qualitativa baseada na recolha de dados primários e secundários. Foi aplicada uma abordagem de teoria fundamentada à recolha de dados secundários, juntamente com uma recolha de dados primários mais aberta e exploratória, para compreender as ligações teóricas e práticas entre a insurreição, a resiliência e a sociedade civil. Faltou informação suficiente, especialmente para o estudo de caso específico, que permitisse um estudo abrangente sem aplicar a abordagem mais exploratória.

As provas empíricas foram realizadas através de uma investigação no terreno com base num estudo de caso em Nairobi, no Quénia. O trabalho de campo foi realizado de março a abril de 2017. Os dados foram recolhidos principalmente através de entrevistas abertas e semiestruturadas e de observação. As conclusões retiradas deste estudo de caso, juntamente com as informações recolhidas de fontes secundárias, serão utilizadas para refletir sobre o conceito de resiliência urbana e a sua relação com a prática insurgente e para formar conclusões sobre os resultados decorrentes da interação entre a sociedade civil, os cidadãos e o governo. No entanto, embora o investigador espere que as conclusões deste estudo possam ser generalizadas para informar outras situações semelhantes, estudos separados noutras cidades e desenvolvimentos podem revelar outras conclusões não captadas por este estudo.

A seleção do estudo de caso para o trabalho de campo da tese de mestrado baseou-se na avaliação do "sucesso" de um projeto de desenvolvimento (neste caso, um projeto de água e saneamento liderado por uma ONG e um projeto de melhoramento liderado pelo governo) em que foi adoptada uma abordagem de parceria/governação.

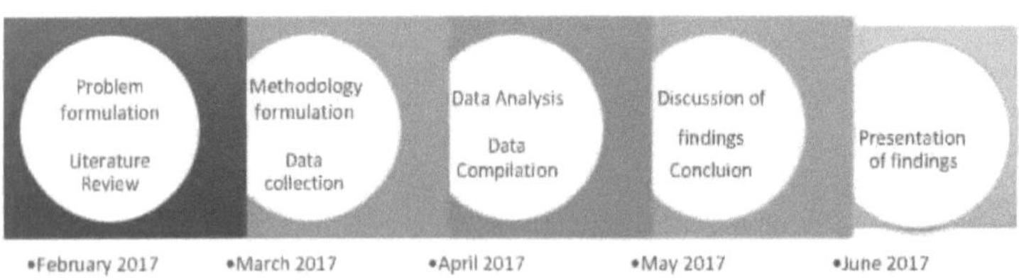

Figura 2: Desenho da investigação com cronogramas (Fonte: Elaborado pelo autor, 2017)

2.1. Hipótese

Este estudo baseia-se na seguinte hipótese geral: A urbanização bem sucedida de um bairro degradado deve ter em conta o estado socioeconómico atual da povoação e procurar erradicar os atributos negativos e melhorar os atributos positivos.

2.2. Pressupostos

- A pobreza e a exclusão social e económica são os principais factores de desenvolvimento dos bairros de lata no Quénia;

- Muitos dos habitantes dos bairros de lata de Kibera não têm capacidade económica para se mudarem para bairros mais formais e qualquer intervenção para melhorar o ambiente físico deve ser acompanhada de uma ou mais intervenções económicas;
- Já existem na colónia inovações que foram desenvolvidas e que podem ser aproveitadas para aumentar a resiliência.

2.3. Métodos de recolha de dados

2.3.1. Estudos de caso

O caso foi escolhido com base no facto de a cidade se situar num país altamente urbanizado do escalão económico de rendimento médio-baixo da África Subsariana; no facto de a cidade estar envolvida no debate sobre a resiliência global; no facto de a cidade apresentar fortes caraterísticas de sistemas de planeamento duplos; e, por último, no facto de o planeamento insurgente na cidade ser influenciado por organizações da sociedade civil.

De acordo com o relatório World Urbanisation Prospects (Nações Unidas, 2014), prevê-se que o futuro aumento da população urbana mundial até 2050 esteja altamente concentrado em apenas alguns países (ver fig. 3). Dos países destacados na figura abaixo, oito situam-se na África subsariana (Angola, Sudão, Uganda, Quénia, Etiópia, República Unida da Tanzânia, República Democrática do Congo e Nigéria). Dos países identificados, apenas o Sudão, o Quénia e a Nigéria se enquadram no escalão de rendimento médio-baixo, tal como definido pelo Banco Mundial (http://data.worldbank.org/income-level/lower-middle-income).

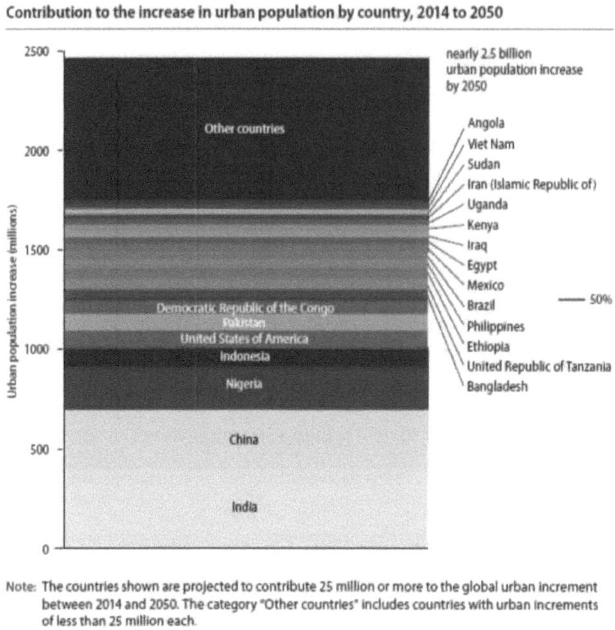

Figura 3: Perspectivas de urbanização mundial (Fonte: Nações Unidas, 2014; 12)

Os casos foram ainda mais reduzidos às cidades que já estão envolvidas no debate sobre a resiliência. Apenas a Nigéria (Enugu e Lagos) e o Quénia (Nairobi) têm cidades selecionadas em quadros globais como as 100 Cidades Resilientes. Embora as três cidades apresentem práticas de planeamento tanto insurgentes como formais dentro dos seus limites urbanos, Nairobi tinha a vantagem adicional de também estar envolvida na rede de "Cidades Resilientes" do ICLEI e de acolher a sede da UN-Habitat, que está a impulsionar a agenda das "Cidades sem bairros degradados". Estes dois factores adicionais tornaram-na uma melhor opção para fornecer as informações necessárias para esta investigação.

A investigação centrar-se-á especificamente em projectos físicos de melhoria de bairros degradados em Kibera, o maior bairro degradado do Quénia, desenvolvidos no âmbito de uma abordagem de parceria, mas que também estão a ser implementados ou têm a intenção de o ser noutros bairros degradados. O primeiro é um projeto gerido pelo Governo, o KENSUP, o maior projeto de requalificação de bairros degradados até à data e o único que inclui explicitamente uma abordagem de parceria na execução. O segundo é um projeto dirigido pela comunidade que se centra na água e no saneamento. Isto porque das 72 OBC e ONG registadas em Kibera, 27 têm a "melhoria da água e do saneamento" como parte do seu mandato principal (Ochieng e Matheka, 2007). Das três principais ONGs que trabalham na área de estudo contactadas, apenas a Umande Trust estava disponível para entrevistas.

2.3.2. Entrevistas

Foram realizadas entrevistas individuais e semi-estruturadas a três níveis. O primeiro foi o dos residentes que vivem na área do estudo de caso, o segundo foi com as organizações da sociedade civil (OBC[13] , ONG, ONGI[14]) que trabalham nestas comunidades e o terceiro foi com os governos nacional e local. Todas as entrevistas incidiram sobre a perceção das leis actuais que regem ambos os projectos, a perceção da melhoria dos meios de subsistência e a perceção das parcerias resultantes.

Devido aos diferentes níveis de confiança dos residentes, foi utilizado um método de amostragem de conveniência e não-probabilística para determinar os entrevistados. As cinco entrevistas com os líderes comunitários foram voluntárias e baseadas em indicações do Umande Trust. As informações da quinta entrevista demonstraram que poucas informações novas surgiriam de outras entrevistas. Além disso, foram selecionados aleatoriamente 10 residentes das cinco aldeias e dos bairros urbanizados pelo Governo. Embora o tema geral das entrevistas tenha sido mantido, foi adoptada uma abordagem mais descontraída de narração de histórias. Isto permitiu obter informações que, de outro modo, se teriam perdido num formato mais formal. Muitas das entrevistas foram efectuadas em Kiswahili, salvo indicação em contrário, por ser a língua de comunicação mais confortável na zona.

Para além dos residentes, foi entrevistada uma pessoa do Ministério da Terra, da Habitação e do Desenvolvimento Urbano (Departamento de Urbanização de Bairros degradados), do Conselho do Condado de Nairobi (governo local) e da ONU-Habitat (Secção de Urbanização de Bairros degradados). As entrevistas foram semi-estruturadas e abertas e variaram consoante o seu papel e envolvimento. Os indivíduos foram selecionados devido ao seu conhecimento da área de estudo, conhecimento das organizações que trabalham na área e também dos projectos em estudo. As entrevistas com as organizações foram efectuadas em inglês. Foram também entrevistados dois funcionários públicos responsáveis pela gestão quotidiana dos projectos geridos pelo Governo, a fim de obter uma melhor compreensão do trabalho do Ministério.

13 OBC - Organizações de Base Comunitária: organizações não mercantis e não estatais fora da família, nas quais as pessoas se organizam para defender interesses comuns no domínio público (PNUD).
14 ONGI - Organizações não governamentais internacionais, como o Banco Mundial, as Nações Unidas, a Cruz Vermelha (CICV), etc.

As respostas variadas garantiram a disponibilidade de dados mais fiáveis para um estudo comparativo aprofundado. Esta investigação reconhece que diferentes aglomerados populacionais são caracterizados por diferentes factores e, por isso, não tem a intenção de generalizar as condições únicas de cada comunidade específica ou o seu processo de planeamento insurgente, mas sim de procurar compreender questões comuns que possam prevalecer noutros bairros degradados.

2.3.3. Revisão da literatura

Os dados secundários foram utilizados no desenvolvimento inicial do trabalho, para verificar os dados primários e como informação adicional para construir a discussão. Foram utilizados documentos de projectos produzidos a nível local e internacional, dados produzidos pelo governo, documentos de investigação e literatura cinzenta autorizada. A literatura geral não foi restringida e incluiu toda a investigação global acessível sobre a urbanização das cidades do Sul. No entanto, os dados utilizados para enquadrar os estudos de caso foram retirados de relatórios nacionais do Banco Mundial e das Nações Unidas, e de estatísticas e documentações produzidas pelo Gabinete de Estatística do Quénia e pelo Ministério do Território, Habitação e Desenvolvimento Urbano (MLHUD). Apenas os documentos nacionais produzidos depois de 2004 foram utilizados como recurso, pois foi nesse ano que ambos os projectos analisados começaram oficialmente.

2.3.4. Observação

As observações foram efectuadas juntamente com notas de campo e fotografias, que foram posteriormente comparadas com os dados recolhidos na revisão da literatura e nas entrevistas. As principais observações incidiram sobre a forma como os residentes interagiam com os projectos. Isto foi utilizado para compreender a utilidade que estes projectos proporcionaram aos residentes da zona e se as parcerias criadas melhoraram realmente os meios de subsistência dos residentes. Outra questão que foi observada foram as mudanças visíveis entre os que tiveram acesso ao projeto e os que não tiveram acesso, para determinar se houve mudanças significativas no comportamento e no planeamento.

2.4. Organização e análise de dados[15]

Toda a informação recolhida através dos três métodos de recolha de dados descritos na Secção 2.3 foi submetida a três níveis de análise. O primeiro nível envolveu a decomposição da informação em segmentos de dados potencialmente significativos para separar os dados relevantes dos

15 Informação desenvolvida a partir de (Merriam, 1998); (Yin, 1994); (Miles e Huberman, 1994)

irrelevantes. O segundo nível consistiu em encontrar os temas e padrões recorrentes que atravessam os dados relevantes. Por último, o terceiro nível envolveu a realização de inferências a partir de todos os grupos em todos os modos de dados recolhidos para gerar conclusões abrangentes e fiáveis.

O trabalho de campo foi efectuado principalmente durante as horas de trabalho e, por conseguinte, a maioria das entrevistas realizadas na povoação foram feitas a adultos do sexo masculino, todos com mais de 30 anos de idade. Foi difícil obter informações de mulheres que, na sua maioria, trabalhavam fora da área de estudo. A análise, por conseguinte, não utilizou códigos baseados na idade, no género ou no rendimento. Os temas e padrões recorrentes nas entrevistas basearam-se, em primeiro lugar, nas próprias palavras dos inquiridos, em segundo lugar, na observação do investigador e, por último, na literatura. Toda a informação foi revista por pares antes da publicação dos resultados.

Os estudos de caso foram também submetidos a um nível preliminar de análise devido ao carácter comparativo do estudo. Nesta fase preliminar, foi efectuada uma análise dentro do caso em que cada caso foi assumido como um caso abrangente por si só e analisado como tal. Os casos serão depois analisados em comparação uns com os outros para identificar a mudança nos indicadores de vulnerabilidade (ver secção 3.3). A literatura utilizada foi do Índice de Resiliência da Cidade (CRI) desenvolvido pela Fundação Rockefeller e ARUP, (2015) e comparada com a informação do Relatório de Avaliação Pós-Projeto de Kibera da UN-Habitat (2014) para identificar os elementos-chave que devem ser abordados.

O desempenho de cada projeto será testado em função do IRC para verificar se cumpre as normas de resiliência internacionalmente estabelecidas para os aglomerados urbanos (ver fig. 4). Os resultados ilustrarão se um projeto atingiu as dimensões de resiliência da saúde e bem-estar (resiliência social); economia e sociedade (resiliência económica); infra-estruturas e ambiente (resiliência ambiental) e liderança e estratégia (resiliência institucional) e identificarão o impacto dos projectos do governo e da sociedade civil, delinearão as deficiências e os sucessos de cada projeto separado e desenvolverão sinergias. A aplicação do IRC baseia-se unicamente nas informações recolhidas durante esta investigação e no ponto em que cada projeto se encontra até à data. Seria necessária mais investigação para medir a resiliência ao longo do tempo.

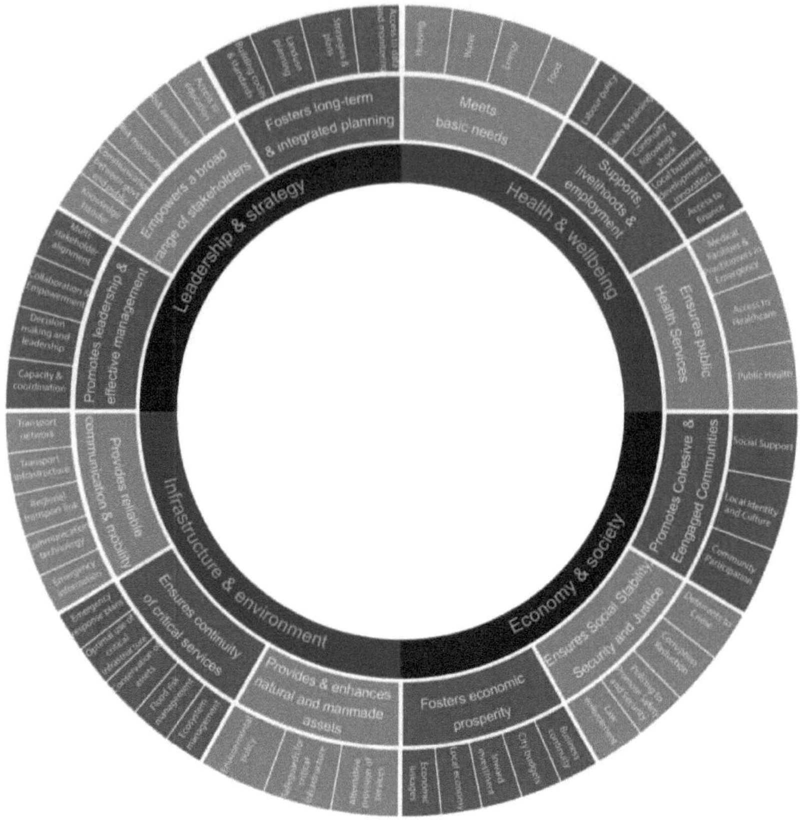

Figura 4: O Índice de Resiliência da Cidade (www.rockefellerfoundation.org)

2.5. Fiabilidade e validade dos dados[16]

Devido à natureza do estudo, o investigador espera algumas margens de erro. No entanto, a fim de reduzir essas margens ao mínimo, a validade e a fiabilidade das informações recolhidas foram desenvolvidas com base no seguinte:

(i) Esclarecimento e justificação: O objetivo desta investigação foi claramente definido na introdução do presente documento e a metodologia delineada para garantir a total transparência dos dados. Dadas as limitações desta investigação, que incluem, mas não se limitam a, finanças e tempo, a metodologia acima descrita foi considerada a melhor opção possível para responder à questão de investigação.

16As informações gerais foram inferidas a partir de (Golafshani, 2003) e Kitto et al., (2008)

(ii) Rigor processual: Todos os dados recolhidos através de entrevistas e observação foram documentados. Foram disponibilizados para revisão por pares para garantir que a informação era relevante para o trabalho e transparente no seu objetivo. As entrevistas foram efectuadas pelo investigador acompanhado por um indivíduo bem conhecido da comunidade. Isto serviu um duplo objetivo: assegurar a transparência das informações que podem surgir de preconceitos do investigador e facilitar a confiança entre o entrevistador e o entrevistado. Nos casos em que o investigador teve de participar sozinho nas entrevistas, como no caso do Ministério e das ONGs, as transcrições foram disponibilizadas aos entrevistados pelas mesmas razões descritas.

(iii) Representatividade da amostra: A metodologia de amostragem aplicada foi discutida em pormenor na secção 2.1.2

(iv) Rigor interpretativo: Toda a informação recolhida, quer retratasse negativa ou positivamente a teoria e os casos em questão, foi aplicada para construir a discussão deste documento. Foi efectuada uma revisão exaustiva e actualizada da literatura e os documentos foram analisados em comparação uns com os outros para garantir que a informação recolhida durante o trabalho de campo é devidamente enquadrada.

(v) Rigor reflexivo e de avaliação: A investigação esforçou-se por manter todos os requisitos da ética da investigação, tal como explicado na secção 2.6. A parcialidade do investigador foi reconhecida e toda a informação foi revista por pares para garantir a sua coerência. As informações fornecidas através das entrevistas foram alteradas apenas na medida do necessário para garantir a sua correta compreensão.

(vi) Transferibilidade/generalização: A relevância dos resultados deste estudo foi discutida e todas as limitações foram descritas da melhor forma possível pelo investigador. Os resultados deste trabalho podem ser aplicados a estudos futuros em comunidades urbanas que enfrentam circunstâncias semelhantes.

2.6. Ética na investigação

A investigação foi realizada de acordo com as diretrizes de investigação de elevada ética estabelecidas pelo Relatório Belmont (Office of Human Research Protections, 1979). Todas as entrevistas na colónia foram realizadas com o necessário consentimento informado e o anonimato foi mantido para as proteger de qualquer possível exploração ou vulnerabilidade. Não foi utilizada conscientemente qualquer informação que pudesse comprometer os valores e interesses da comunidade. Não foi utilizada propriedade intelectual não autorizada. Para além disso, o investigador teve o cuidado de garantir que nenhuma informação fosse plagiada ou fabricada para manter a integridade dos resultados.

3. REFORÇO DA CAPACIDADE DE RESISTÊNCIA - UM CASO DE NAIROBI

"...para quem está do lado de fora (conselheiros políticos, funcionários do governo, etc.), os bairros de lata podem ter sido impenetráveis, ameaçadores, uma praga de miséria na paisagem urbana. Para os que vivem no seu interior, quer apoiando as pessoas durante a transição para uma aspiração mais elevada, quer abrigando pessoas que perderam a esperança, os bairros de lata foram, e são, a sua casa.

(UN-Habitat, 2003)

A urbanização no Quénia prosseguiu a um ritmo incrível, levando a um aumento da população urbana de 750 000 em 1962 para 9,9 milhões em 1999, com o maior aumento observado após 1989, provocado por um aumento da pobreza rural (Kenya Government Printer, 2004). O Fundo das Nações Unidas para a População (FNUAP) prevê que o Quénia venha a registar um crescimento urbano constante de aproximadamente 4,2%, o que colocará a população urbana em pouco mais de 55 milhões de pessoas até 2050, representando quase 60% da população total. Apesar destes números, o Quénia ainda é considerado suburbanizado quando comparado com outros países do seu grupo económico, como o Bangladesh, o Zimbabué e Moçambique. Se for bem gerido, este desenvolvimento mais lento deverá contribuir para o crescimento económico do país, que passará de uma economia de rendimento médio-baixo para uma economia de rendimento médio-alto.

Infelizmente, a atual taxa de urbanização ultrapassou a capacidade das autoridades locais e nacionais para orientar o crescimento físico e prestar os serviços necessários a todos os seus cidadãos (UN-Habitat, 2008). Previsivelmente, a urbanização do Quénia tem sido acompanhada de desafios como a falta de abrigo, o desemprego, a degradação ambiental, a pobreza, a falta de infra-estruturas e de equipamentos sociais. Muitos destes desafios têm-se manifestado no rápido aumento dos aglomerados populacionais insurrectos, onde vive atualmente a maioria dos residentes urbanos. No passado, estes aglomerados insurrectos eram vistos como monstruosos e foram desenvolvidas políticas para os ignorar ou para os erradicar completamente. Independentemente das políticas, os bairros de lata urbanos continuam a crescer e, com eles, os problemas persistentes que surgem da sua presença nos centros urbanos formais[17] (Kenya Government Printer, 2004). Prevê-se que este crescimento continue num futuro previsível.

Os últimos dados do Censo e da População do Quénia, em 2009, indicavam que Nairobi tinha uma população de 3,2 milhões de habitantes. As estimativas actuais indicam um aumento de quase 1 milhão de pessoas nos últimos 8 anos, prevendo-se que atinja 14,2 milhões em 2050, o que representa 25% da população urbana total do Quénia. Dos 4 milhões de cidadãos de Nairobi, cerca de 60% vivem em bairros caracterizados como bairros de lata. No entanto, os bairros de lata ocupam apenas 5% da área residencial (ver fig. 5) ou 1,62% da área total de Nairobi (Weru et al., 2005). Esta disparidade fundiária tem sido e continua a ser uma fonte de debate e conflito na conversa em torno da melhoria dos bairros degradados e da redução da pobreza.

17 Os centros urbanos no Quénia são definidos como centros comerciais, vilas, municípios e cidades com uma população mínima de 2000 pessoas.

2.7. Nairobi: Uma cidade dupla

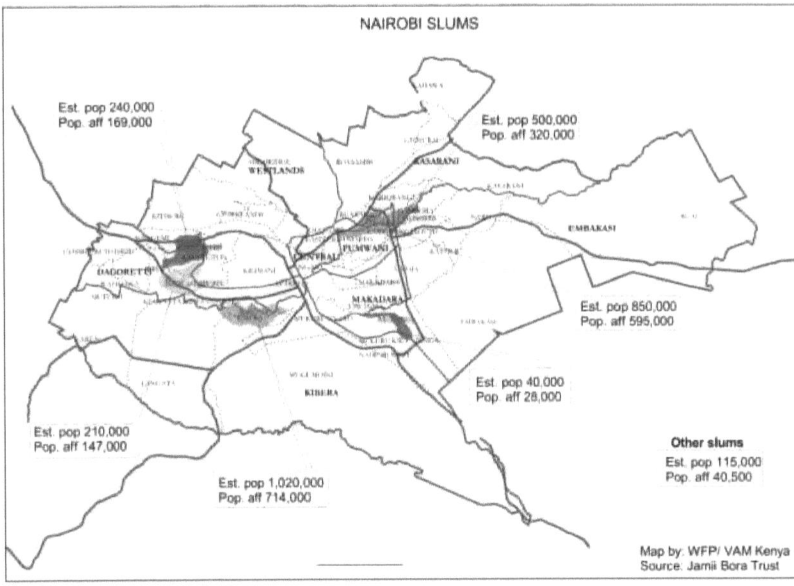

Figura 5: O mapa de Nairobi indicando a localização dos principais bairros de lata e as suas populações estimadas. (Fonte: Jamii Bora Trust, 2008)

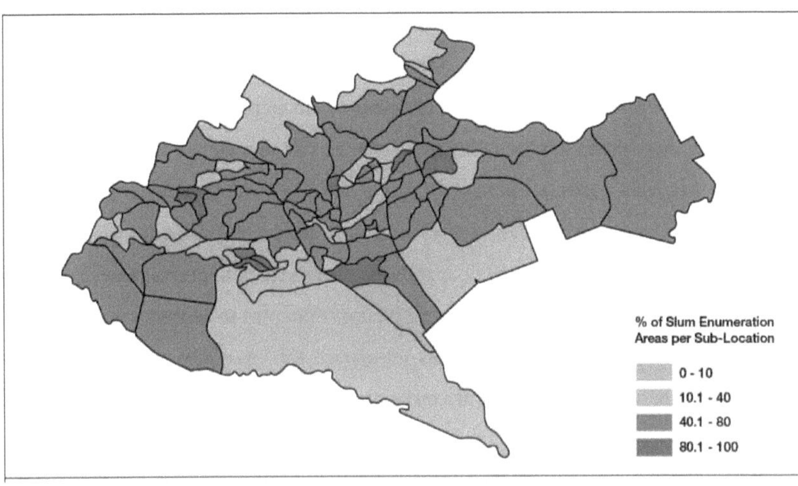

Figura 6: Zonas de enumeração de Nairobi de acordo com o censo de 2009, indicando a ocupação dos bairros de lata. (Fonte: Centro de Investigação sobre População e Saúde em África (APHRC), 2014)

indica que as falhas nas práticas de planeamento urbano não ocupam um lugar de destaque na perceção global de risco dos cidadãos urbanos. Isto indica, em parte, que a resiliência no bairro de lata pode ser alcançada com uma perturbação mínima das práticas gerais de planeamento urbano. A investigação levada a cabo pela UN-Habitat, (2014b) destaca alguns aspectos positivos de que gozam os residentes de Kibera e que devem ser tidos em conta na conceção de projectos de requalificação para garantir que o carácter social do aglomerado não é corroído.

Code assigned	Summary of comments recorded.
Affordability	Includes the affordability of life in general – specifically, food, housing, labour, commodities, education, rent, infrastructure, health care (free), social interactions, and school (free). Often "life is cheap" was explicitly used.
Community	Includes "living with many people", "the spirit of living many as one", easy to socialize often, having good neighbours, family members being present, many languages, many different kinds of people to interact with, intermarriages with different tribes and so on.(Descriptors used: harmonious, unity and so on.)
Proximity	Includes comments about the distance from Kibera to the Central Business District (CBD) and the Industrial Area being ideal for access to work opportunities. Also includes being near to family and schools.
Simplicity	Includes comments about lifestyle, freedom, and relaxation being aspects of "the simple life".
Business	Includes shared experiences of doing business in Kibera, describing it as "easier than in other places" and that there are a wide assortment of businesses to choose from (i.e. there is both access to businesses and the ability to run a business). The "availability of everything" was also included.
Services	Includes NGOs, water, electricity, support groups, and the Resource Centre that was initially part of KENSUP.

Figura 9: Codificação efectuada dos aspectos positivos de viver em Kibera, tal como articulados pelos residentes (Fonte: UN-Habitat, 2004b)

No entanto, a Aliança das Cidades[19] determinou que a medida do progresso urbano se baseia em dois critérios básicos: A proporção de pessoas com acesso a saneamento melhorado e a proporção de pessoas com acesso a posse segura. Por conseguinte, é importante notar que algumas áreas dentro dos bairros degradados apresentam níveis mais elevados destas vulnerabilidades fundamentais e exigiriam intervenções físicas radicais. Essas vulnerabilidades não estão apenas contidas no assentamento, mas causaram efeitos em cascata no resto da cidade. A redução destas vulnerabilidades será benéfica tanto para os residentes de Kibera como para o resto da cidade.

2.9.1. Saneamento deficiente e falta de água potável adequada

O Fórum Económico Mundial (2015) identificou a crise da água como o principal risco global com base no impacto na sociedade (como medida de devastação). Em Kibera, onde as ligações de água são escassas, a zona sofre de um abastecimento de água inadequado e de um saneamento deficiente. Além disso, existe a ameaça de contaminação da água devido a canos partidos e fugas (Binale, 2011). A rede de esgotos fornecida até à data tem sido inadequada, o que é observado pelo

19 A Aliança das Cidades é uma parceria global que inclui governos nacionais, instituições multilaterais, governos locais, ONGI, sectores privados e universidades que visam a redução da pobreza e o desenvolvimento urbano sustentável. (www.citiesalliance.org)

estado dos rios e das estradas dentro do bairro de lata, que recebem a maior parte do excesso de esgotos. O abastecimento de água pouco frequente e a falta de manutenção também aumentaram a incidência de fugas constantes e ligações ilegais. Os comerciantes de água aproveitaram-se das ligações de água e vendem água aos residentes do bairro a um preço mais elevado do que a água fornecida pelo governo (ver fig. 11).

A inacessibilidade aos serviços sanitários devido à distância e à insegurança criou uma prática em Kibera conhecida como "casas de banho voadoras", especialmente durante a noite. Esta prática consiste em defecar para um saco de polietileno e atirá-lo para o espaço aberto mais próximo (Aubrey, 2009). De acordo com os residentes, a combinação das falhas de água e saneamento deficiente também levou a surtos de cólera e disenteria, crianças que faltam à escola e à comida devido à falta de água potável e rendimentos reduzidos, uma vez que fracções mais elevadas do rendimento familiar são redireccionadas para a compra de água potável. Nas zonas onde foram construídas instalações adequadas de abastecimento de água e de saneamento, é visível a melhoria dos meios de subsistência dos residentes adjacentes.

Figura 10: Crianças a brincar junto a rios que funcionam como linhas de drenagem abertas (a) enquanto outras bebem diretamente de canos municipais rebentados (b) (Fonte: www.challengeaid.org)

A topografia da povoação também contribui para a escassez de água e de saneamento. Kibera está construída num vale que se situa na bacia do rio Ngong', com dois outros canais fluviais a atravessar Kibera. As colinas artificiais criadas por materiais soltos depositados e pela eliminação de resíduos também aumentam a complexidade do terreno. Isto cria alguma dificuldade na instalação de infra-estruturas adequadas e aumenta as probabilidades de inundações nas habitações localizadas mais perto dos canais durante as chuvas fortes. Para além disso, o movimento natural de drenagem para jusante transformou a bacia hidrográfica numa zona de poluição acrescida de resíduos sólidos e líquidos. Estes factores, juntamente com a má ventilação das habitações, são uma das principais

Figura 12: Vista aérea do impasse na construção da estrada "The Missing Link" que liga Kilimani a Langata. (Fonte: Johnny Miller, Reuters Foundation)

A relutância do governo nacional em transferir o terreno para o governo do condado de Nairobi também criou incerteza tanto nas instituições como no público. Esta situação deixa o governo do condado com restrições quanto às medidas de desenvolvimento que pode adotar. Por esta razão, o condado não pode afetar um orçamento específico para a renovação da povoação. A negação de serviços básicos, que começou por ser usada como um impedimento para a entrada de novos habitantes em Kibera, está agora institucionalizada através de projectos de lei parlamentares parados e diretivas presidenciais ignoradas (Joireman e Vanderpoel, 2010). A situação da posse da terra nos bairros de lata é ainda mais amplificada quando as 200 000 casas prometidas anualmente pelo governo visam a escassez de habitações para a classe média, apesar de os estudos sobre a fixação humana e a habitação indicarem problemas mais prementes nas comunidades de baixos rendimentos (Musyoka, 2012, K'Akumu, 2004).

Assim, os inquilinos constituem quase 92% da população total de Kibera, sendo apenas 5% ocupados pelos proprietários. Muitos proprietários não são residentes em Kibera e reclamam a propriedade das barracas e das estruturas sem reivindicar a terra (Research International, 2005). Devido à ilegalidade que envolve todo o aglomerado, os inquilinos não têm qualquer recurso legal para despejos injustos ou aumentos de renda que ocorrem diariamente. Esta estrutura de propriedade estende-se a espaços abertos e instalações públicas que podem ser "comprados" e valorizados. No entanto, os residentes compreendem que o governo tem a propriedade final da terra e mantêm os seus investimentos em estruturas simples e baratas, normalmente sem serviços adicionais como água ou eletricidade.

2.9.4. Crime, insegurança e agitação civil

A insegurança e o crime são um problema real e presente nos bairros de lata. Um morador explicou que muitos residentes preferem viver em zonas que não os obriguem a entrar noutras aldeias para irem trabalhar, pois é nessa altura que são mais vulneráveis. A localização das instalações privadas e públicas também reflecte a concentração da população em torno das periferias. Embora não existam dados claros sobre a ocorrência de crimes em Kibera, muitos investigadores (incluindo durante esta investigação) observaram crimes durante a investigação. O crime e a insegurança incluem o roubo de bens, o risco associado a incêndios e ameaças pessoais.

Neste discurso de insurgência, a dinâmica da política local e o contexto são importantes (Checkel, 2011). A visita a Kibera durante um ano de eleições (2017) contextualiza as diferenças no discurso político entre as zonas formais e informais da cidade. As ONG locais e os residentes dão maior ênfase à promoção da paz, com comícios e workshops constantes em toda a povoação. A violência durante os períodos eleitorais constitui uma grande ameaça à vida humana e às infra-estruturas[22] e é uma ameaça contínua ao bem-estar socioeconómico da povoação. A maioria dos projectos realizados em Kibera tem isto em conta e espera-se que compreendam as forças que ditam a cultura política interna.

Figura 13: Graffiti em várias paredes em Kibera apelando a eleições pacíficas. (Fonte: kiberawallsforpeace.tumblr.com)

2.10. Efeitos dos projectos de modernização em curso na capacidade de resistência de Kibera

A urbanização de bairros degradados não ocorre num campo verde e quaisquer intervenções

22 Informação baseada em vários artigos de jornais de 2001-2017 (Daily NATION Kenya, The Telegraph UK, New York Times USA, Standard Newspaper Kenya)

realizadas em Kibera devem ter em conta a estrutura de planeamento e os padrões de vida existentes. Os dois projectos selecionados para este capítulo têm um objetivo comum de melhorar holisticamente os meios de subsistência da população de Kibera, utilizando os intervenientes existentes. No entanto, têm abordagens de implementação diferentes que produziram resultados variáveis. Os resultados aqui explicados foram obtidos a partir de dados primários recolhidos através de entrevistas, documentação do projeto e observações das diferentes aldeias.

2.10.1. O Projeto KENSUP: Uma perspetiva governamental

A Conferência Habitat II sobre Assentamentos Humanos (1996) desafiou os governos a utilizarem o desenvolvimento de abrigos como um instrumento para quebrar o ciclo vicioso da pobreza, dos sem-abrigo e do desemprego. A habitação foi considerada a abordagem mais holística para aumentar a resistência das populações urbanas pobres e melhorar de forma duradoura os meios de subsistência de milhões de habitantes dos bairros de lata. Em 2001, o governo do Quénia, através do MLHUD, criou o departamento de melhoramento dos bairros de lata do Quénia, mandatado para o desenvolvimento e a reabilitação dos bairros de lata urbanos.

Em conformidade com a diretiva Habitat II, foi selecionada uma povoação em Kibera -Soweto East (ver Fig. 7) para pilotar um grande projeto de melhoramento de um bairro de lata. O projeto KENSUP visava dar resposta a vários desafios: melhoria geral dos meios de subsistência, legalização e regularização dos terrenos e integração social. O plano de execução do projeto KENSUP previa uma necessidade financeira de 884 mil milhões de KShs. 884 mil milhões de KShs (cerca de 7,6 mil milhões de euros) e, com este montante, o departamento de planeamento físico lançou-se no desafio de conceber um plano diretor de desenvolvimento de densidade multinível e de infra-estruturas que reflectisse as diferentes dimensões das unidades habitacionais contidas na povoação, sem deixar de imitar as zonas vizinhas formais. A estratégia produzida e posteriormente implementada centrou-se na criação de condições sustentáveis e holísticas que poderiam ser aplicadas em todo o país através do aproveitamento da vontade política, da criação de políticas adequadas, do reforço da capacidade de investigação e do desenvolvimento de infra-estruturas adequadas (Un-Habitat, 2008).

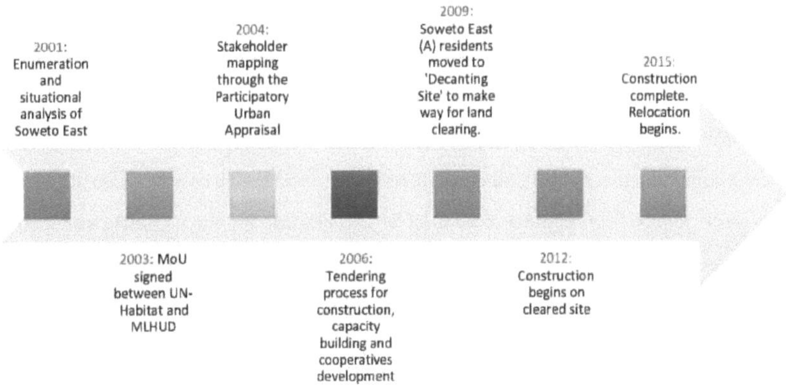

Figura 14: Análise da cronologia do Projeto KENSUP Soweto (Fonte: Autor)

3.4.1.1. KENSUP e a povoação existente

O primeiro passo dado foi uma análise de enumeração que dividiu o Soweto Leste em quatro secções separadas (A, B, C, D) que identificaram o número de pessoas por agregado familiar, o número de divisões próprias/alugadas por agregado familiar, a idade, os níveis de educação e a ocupação e, posteriormente, cada pessoa recebeu um bilhete de identidade especial. Foram estabelecidos vários parâmetros para ultrapassar a fluidez dos residentes numa povoação, que incluíam a necessidade de um residente ter vivido fisicamente na povoação durante pelo menos dois anos. Estes parâmetros excluíam, portanto, os "proprietários ausentes" que possuíam casas mas não viviam na povoação.

O sucesso do KENSUP baseou-se principalmente na organização e mobilização da comunidade. Em 2006, foi criado um programa que se centrava na formação, treino e capacitação de movimentos cooperativos dentro dos aglomerados informais. Os movimentos cooperativos ajudaram os residentes a aumentar as suas poupanças, que mais tarde seriam utilizadas para facilitar a propriedade e a gestão das casas a desenvolver, salvaguardar os interesses dos residentes das forças socioeconómicas e políticas e assegurar a plena participação dos residentes, a propriedade e a sustentabilidade do processo de melhoria (Kenya Government Printer, 2004). Após a criação das cooperativas, surgiu o novo desafio de encontrar um terreno que permitisse aos residentes deslocados aceder aos seus locais de trabalho, escolas e equipamentos sociais sem aumentar os custos, o que criou um raio de ação limitado. Uma vez que os terrenos à volta de Kibera eram muito limitados, o Departamento das Prisões do Quénia emprestou um terreno para um local de detenção temporário (local de decantação) por um período de 4 anos.

Em 2009, iniciou-se o processo de deslocação dos residentes da secção A para 600 unidades recentemente construídas com um valor de aluguer de Ksh. 700 (6 euros), um custo significativamente inferior ao da renda que pagavam na colónia (cerca de 21 euros), com o objetivo de incentivar a comunidade a poupar. No entanto, o Governo não previu os atrasos do projeto que, 8 anos mais tarde, mantiveram as pessoas no local de decantação. Quando a mudança para o novo bairro começou, em meados de 2015, muitos beneficiários declararam que já tinham gasto as suas poupanças em exigências concorrentes e que não conseguiam angariar os 100 000 Kshs (860 €) necessários para dar a primeira entrada na casa (e os direitos de propriedade que a acompanham). Os regulamentos da KENSUP não prevêem qualquer contingência para esta situação e os residentes da colónia permaneceram no local de decantação ou regressaram aos bairros de lata. Esta situação impediu a continuação do desenvolvimento, uma vez que o local de decantação está totalmente ocupado. O governo reagiu retraindo serviços como a água, o saneamento e a recolha de resíduos (ver fig.15). Os residentes, de acordo com as prisões vizinhas do Quénia, voltaram a utilizar casas de banho voadoras como solução para o problema do saneamento. Em reação a estes desafios, muitos residentes deixaram de pagar a renda, aumentando ainda mais a animosidade existente entre a povoação e o governo.

Figura 15: (a) O furo abandonado que devia fornecer água ao local de decantação. A área tornou-se agora um local de despejo de resíduos sólidos. (b) Esgotos a transbordar. Ocasionalmente, os moradores limpavam-nos eles próprios. (Fonte: Autor)

Para além do pagamento da entrada, os beneficiários tinham de provar que faziam parte da campanha de recenseamento original e que tinham poupado com as cooperativas para obter uma das 800 unidades habitacionais no apropriadamente chamado "Canaan Estate". Tinham também de assinar um acordo com a KENSUP segundo o qual o proprietário não poderia vender legalmente a sua casa durante um período de 25 anos. Esta condição foi especificamente imposta para evitar a gentrificação verificada em projectos semelhantes no passado (Ekdale, 2004). No entanto, há indícios de que alguns residentes estão a arrendar as suas casas e a voltar para a colónia, o que continuaria a conduzir a um bairro gentrificado, uma vez que os novos inquilinos começam a personalizar o seu ambiente. Outros beneficiários "venderam" os seus bilhetes de identidade e direitos cooperativos, o que criou um pesadelo institucional.

Figura 16: Vista da entrada da nova propriedade "Canaã". (Fonte: Autor)

No entanto, mesmo com os desafios enfrentados, a perceção global do novo desenvolvimento continua a ser positiva, uma vez que mais residentes aceitam os resultados do projeto (fig. 17/18). Por outro lado, o custo social do projeto não foi tão cuidadosamente desenvolvido. Um dos residentes mencionou um sentimento de estranheza quando utiliza instalações como o salão social. Com os seus pares ainda a viverem na colónia ou no local de decantação, não se sentiam à vontade para realizar reuniões nas novas instalações. Também não há inclusão oficial de nenhum residente da colónia fora do grupo beneficiário, o que cria um novo nível de marginalização, dado o tempo que cada projeto levaria a ser implementado.

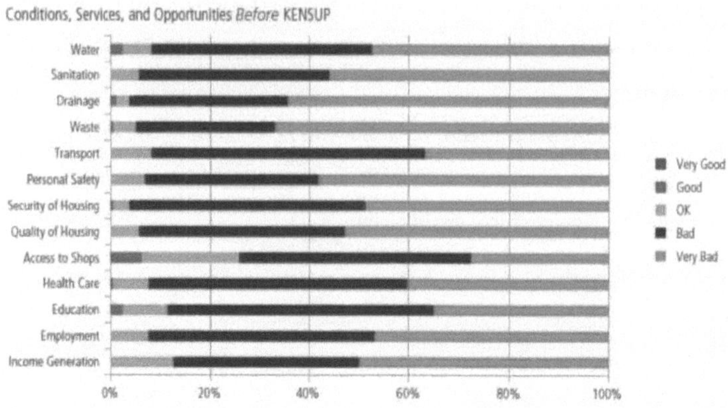

Figura 17: Perspetiva das condições de vida antes do início do projeto KENSUP. (Fonte: UN-Habitat, 2004b)

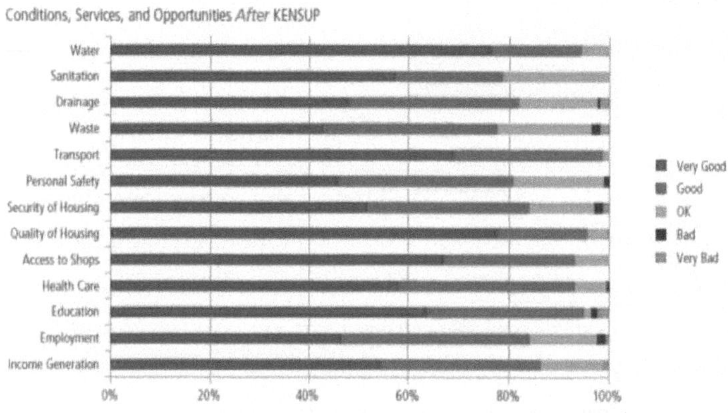

Figura 18: Perspetiva das condições de vida esperadas após a conclusão do projeto. (Fonte: UN-Habitat, 2014b)

3.4.1.2. Dinâmica das parcerias

As parcerias foram fundamentais para este projeto, uma vez que os residentes suspeitavam e desconfiavam das intenções do governo. Em 2003, o governo estabeleceu uma parceria com a ONU-Habitat no seu Programa Participativo de Urbanização de Bairros degradados (PSUP) para colaborar na formulação e implementação da estratégia nacional de urbanização de bairros degradados com o objetivo de melhorar os meios de subsistência de 1,6 milhões de agregados familiares urbanos até 2020. Em 2004, a UNHabitat prestou assistência numa Avaliação Urbana Participativa (2004) para mapear as partes interessadas no bairro. Isto envolveu a identificação, o reforço das capacidades e a sensibilização da comunidade local, das ONG locais, das OBC, das diferentes instalações governamentais e do sector privado. Este exercício destinava-se a encorajar a adesão ao projeto e a facilitar a sua implementação. No entanto, desde o início do projeto, as relações entre a ONU-Habitat e a KENSUP parecem estar tensas, com a KENSUP a alegar que a organização das Nações Unidas não cumpriu a sua parte do acordo de parceria e a ONU-Habitat a atribuí-la a uma mudança de governo em 2012, que levou a uma mudança na estrutura de liderança do Ministério, que voltou a dar prioridade à melhoria dos bairros degradados.

A avaliação em 2004 conduziu, no entanto, à parceria mais importante do projeto: entre a KENSUP e o Settlement Executive Committee (SEC), um comité formado para representar os beneficiários do projeto (Mokua, 2014). O SEC de Kibera Soweto tem como principal missão mobilizar e sensibilizar a comunidade e comunicar as necessidades dos beneficiários à KENSUP. Também identifica áreas interessantes de reforço de capacidades que melhorariam os meios de subsistência. Embora os membros do SEC só devam ocupar o cargo durante 4 anos, os relatórios no terreno indicam que os membros do SEC não foram alterados desde o início do projeto. Karari, (2009) afirma que isto pode dever-se a uma falha fundamental na constituição do comité que, segundo ele, foi eleito de forma não democrática e dirigido maioritariamente por determinados grupos. Além disso, depois de os membros do SEC terem recebido habitação no novo bairro, poucos continuam a defender a comunidade. Um estudo de Kusienya, (2010) indica que o SEC não tinha responsabilidade ou recursos suficientes, dada a sua compreensão única das caraterísticas socioeconómicas. A sua capacidade de prever com exatidão as decisões da comunidade não foi explorada, o que criou lacunas na execução e atrasou a aceitação do processo. Além disso, a falta de recursos numa situação económica já difícil desmoralizou muito os seus membros (Mokua, 2014).

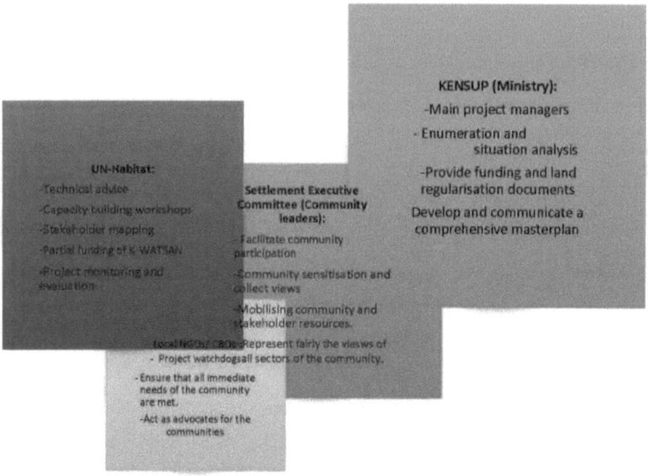

Figura 19: Envolvimento das partes interessadas e funções no KENSUP (Fonte: Autor)

A modernização não pode ser eficaz sem capacitação económica, uma vez que a maioria dos residentes opera pequenos negócios informais e não licenciados que rendem menos de 100 euros por mês e são constantemente visados por autoridades corruptas (Karari, 2009). As entrevistas revelaram que a capacitação económica da KENSUP gira em torno da literacia informática e da construção de bancas de mercado (quiosques). A formação em informática era efectuada em conjunto com a CISCO, que tinha um centro no local de decantação, entretanto encerrado (fig. 20c). Um residente que dava aulas no centro explicou que o governo deixou de financiar o funcionamento e a manutenção do , o que levou o centro a fechar as portas. As queixas das ONG/OBC envolvidas na transição sobre as implicações destas iniciativas do governo levaram a que fossem marginalizadas das discussões em curso no KENSUP.

Figura 20: (a) As ligações ilegais dos comerciantes de água são efectuadas através do muro de segurança e constituem a única solução de água. (b) As mulheres vendem produtos e legumes dentro do complexo da mesma forma que faziam no seu anterior assentamento. (c) Um sinal esquecido no

exterior do centro CISCO (Fonte: Autor)

Uma das deficiências observadas na parceria é a falta de envolvimento de outras organizações governamentais que teriam levado a um maior impacto do projeto. Com uma estimativa de saúde atual em Nairobi de 21,6 camas por cada 100 000 pessoas e um rácio médico:paciente de 15,3:100 000, um projeto desta dimensão deveria ter considerado o desenvolvimento de um centro de saúde para dar resposta à população crescente em Kibera (Kenya National Health Setor Service Providers, 2010). Isto poderia ter sido facilitado em parceria com o Ministério da Saúde e teria beneficiado tanto os beneficiários do projeto como a povoação circundante, reduzindo inevitavelmente a pressão nos hospitais públicos próximos: uma mudança que teria afetado também o resto da cidade. Outra parceria governamental fundamental teria sido com o Ministério da Educação. O atual rácio professor/aluno é de 1:56,6 (dados nacionais de 2012), muito abaixo da média global de 1:23,7. O projeto teria contribuído muito para aumentar o acesso ao ensino básico na povoação. No entanto, ao concentrar-se na habitação, os residentes podem continuar a enfrentar desafios no acesso à saúde e à educação.

3.4.1.3. Integração no tecido urbano

Ao contrário de muitos projectos em Kibera, a conceção e a construção de Canaan estate foram feitas de acordo com a lei queniana que rege os edifícios (cap 525), o que proporcionou aos residentes um sentimento de segurança, uma vez que as casas cumprem as normas exigidas para os proteger de catástrofes como incêndios e inundações. A regularização dos terrenos foi também conseguida através de cartas de loteamento, o que integrou os residentes na cultura e na identidade da grande Nairobi, através da criação de um novo mercado de arrendamento em Kibera para pessoas de fora. Os beneficiários notaram que agora podem arrendar confortavelmente, em especial aos estudantes da vizinha Universidade de Riara, uma vez que as rendas são relativamente acessíveis, podendo atingir os Kshs.

Figura 21: (a) Os novos quiosques comerciais que estão a ser desenvolvidos no âmbito do projeto

KENSUP. (b) Vendedores ambulantes à beira da estrada que conduz ao novo bairro construído no âmbito do projeto KENSUP/K-WATSAN. (Fonte: Autor)

15,000 (€130). Isto aumentou a capacidade económica dos beneficiários, especialmente porque muitos deles consideram demasiado elevado o pagamento mensal da hipoteca de 6000 Kshs (50 euros).

Há também um centro comercial proposto que deverá dar acesso a um mercado mais vasto, que inicialmente era inacessível aos residentes da colónia. Uma entrevistada afirmou que isso aumentaria o número de produtos que ela pode vender, uma vez que eles atendem a um mercado mais amplo. Além disso, os problemas com serviços como a água e o saneamento podem agora ser resolvidos através de canais formais, o que era uma impossibilidade no estado anterior da aldeia. Outras mudanças sociais mais suaves observadas foram um sentimento mais pronunciado de reconhecimento dos cidadãos, que não existia na povoação de Kibera, e uma paz de espírito que permite aos residentes exercerem diferentes actividades sem receio de despejo ou de crimes oportunistas que ainda ameaçam a parte informal da povoação.

3.4.1.4. Lacunas institucionais

Em primeiro lugar, ao abrigo dos regulamentos actuais, os residentes de Kibera não estão protegidos pela Lei dos Ocupantes ou pela Lei de Aquisição de Terras (Cap. 295 das Leis do Quénia, 2009), que fornece orientações para a compensação após a aquisição obrigatória de terras privadas pelo governo. Foram interpostos vários processos judiciais por "proprietários ausentes" que exigiam uma indemnização pela perda de rendimentos das suas propriedades demolidas e pelos residentes que exigiam fundos de reinstalação, causando atrasos no progresso do projeto. No entanto, o confuso Acórdão Carter (nota 22) continua a ser mantido, mas a falta de documentação legal continua a dar ao Governo o direito oficial de despejar.

Além disso, mesmo com a ênfase no envolvimento da comunidade, ainda há reflexos de planos anteriores desenvolvidos nas décadas de 1970 e 1980, que promoveram a limpeza e a reinstalação em detrimento do envolvimento social e económico. É difícil determinar a profundidade ou a eficácia da participação da comunidade neste projeto. Vários residentes expressaram que sentiam que as suas necessidades eram irrelevantes para o progresso do projeto. Uma avaliação levada a cabo por Joseph Senteu (2006) referiu que "a estrutura e as disposições institucionais do KENSUP, embora captando o espírito da visão, da missão e dos objectivos, não captaram adequadamente o núcleo do programa - a comunidade". Isto leva a preocupações tais como: o que acontece às pessoas deslocadas que não podem pagar para serem reinstaladas? Quais são os planos para os novos imigrantes rurais que não têm capacidade financeira para viver em bairros mais ricos? Como é que as empresas existentes serão transferidas para as novas instalações? O que acontecerá ao resto da povoação após a conclusão do projeto-piloto?

Em segundo lugar, existe uma falta de comunicação entre os departamentos governamentais que leva a que os ministérios realizem projectos que minam ou reproduzem os esforços uns dos outros. Caesar Handa (2006) relatou que existe uma comunicação deficiente mesmo no seio da KENSUP, com equipas diferentes que não sabem bem qual é o seu papel e como se devem relacionar com outros órgãos. Os políticos da região tendem a utilizar esta confusão para ganhar votos e criar o caos. Para além do projeto KENSUP, foram realizadas intervenções isoladas em toda a povoação, que incluíram a melhoria dos blocos sanitários, a expansão das linhas de esgotos e o fornecimento de linhas de abastecimento de água (ver fig. 22). No entanto, muitos destes projectos têm pouca participação da comunidade ou do departamento de reabilitação de bairros degradados, o que levou ao fracasso dos projectos. Há também conflitos com as prisões do Quénia devido a falhas de comunicação que levaram ao despejo de residentes para dar lugar ao pessoal das prisões. Esta situação está a aumentar a frustração e a desconfiança em relação ao governo de Kibera.

Figura 22: Sanitários Waigui' U' paralisados. Esta foi uma iniciativa da WATSAN em todo o assentamento de Kibera, iniciada pelo Ministério da Devolução por volta de 2014. Envolveu a construção de estradas, esgotos e blocos de ablução. O descontentamento político e os rumores de corrupção ensombraram o projeto. (Fonte: Autor)

Em terceiro lugar, os arquitectos e engenheiros envolvidos no projeto não tiveram em conta a unidade de planeamento espacial original utilizada na colónia[23] . Esta unidade de planeamento dita a forma como os residentes se relacionam entre si, resolvem problemas e interagem com o mundo

23 Um lote é a unidade de planeamento utilizada em Kibera, que é um conjunto de casas em torno de um pátio com instalações partilhadas e muitas vezes propriedade de um único proprietário (Mukeku, 2014).

exterior e é normalmente ocupada por um grupo étnico específico. A rutura destas unidades de planeamento tornou-se uma causa de conflito social interno no local de decantação. As críticas dos investigadores (Centre of Housing Rights and Evictions, Pamoja Trust) apontam para o facto de que o processo de requalificação dos bairros degradados deveria ter sido abordado como uma melhoria das condições de vida e não como uma recriação de um novo ambiente. Mukeku, (2014) acrescenta ainda que os esforços de requalificação devem refletir as aspirações e necessidades dos residentes, tendo em conta as suas redes sociais e económicas existentes. Na sua investigação, observa que os planos, tal como foram elaborados e mais tarde implementados, são soluções tecnocráticas que tentam conformar as condições de vida na povoação com as dos vizinhos circundantes.

Por último, o governo local manifesta a sua frustração pela falta de envolvimento neste projeto, o que pode deixar o local com falta de serviços. É necessária uma parceria forte com o Conselho do Condado de Nairobi para que este possa intervir, especialmente no local de decantação que é atualmente considerado uma instalação do governo nacional. Além disso, o governo local gere um departamento semelhante que trabalha noutros bairros da cidade. Parece lógico conjugar esforços e partilhar recursos. Por exemplo, a investigação levada a cabo pela (UN-Habitat, 2014b) mostrou que a maioria dos vendedores em Kibera preferiam vender os seus produtos à beira da estrada em vez de se mudarem para os quiosques da câmara municipal (que são bastante semelhantes aos quiosques da KENSUP) devido à expetativa legal de renda mensal e custos comerciais tendo em conta os seus lucros actuais. Esta é uma informação que poderia ter orientado o projeto KENSUP e levanta a questão de como os negócios formais terão impacto nos negócios informais de pequena escala que são a fonte de rendimento de muitos agregados familiares dos bairros degradados.

Embora a KENSUP insista que os projectos vão continuar, não há muita clareza sobre o caminho a seguir, tendo em conta os obstáculos actuais. Com os contínuos rumores de corrupção a alto nível no Ministério e na estrutura de gestão da KENSUP, é pouco provável que o projeto prossiga tão bem como previsto. Além disso, com uma janela de 3-6 anos para melhorar a população atual, é improvável que o futuro projeto afecte os actuais residentes ou seja suficiente para os números crescentes. Estes desafios também aumentaram o receio de que a situação no local de decantação os possa seguir para as suas novas casas. O facto de se concentrar na criação de espaços internacionalmente aceitáveis fez perder as oportunidades criadas pelo modo de vida existente.

3.4.2. Inovação dos bio-centros: Uma perspetiva de base

As Nações Unidas declararam 2005-2015 a década da água doce e do saneamento básico (Assembleia Geral da ONU, 2005). As doenças evitáveis transmitidas pela água matam cerca de 1,6 milhões de crianças por ano, enquanto as raparigas e as mulheres no Quénia passam cerca de 40 milhões de horas por ano à procura de água, o que se traduz em cerca de 324 milhões de dólares em rendimentos perdidos (Bill and Melinda Gates Foundation, 2010). A melhoria do saneamento aumenta a produtividade, melhora a frequência escolar e aumenta a dignidade, especialmente das mulheres e raparigas. Para que o impacto da água e do saneamento se faça sentir plenamente nas povoações insurrectas, é necessário implementar toda a cadeia de valor apresentada na fig. 23. A gestão das águas residuais e dos resíduos é tão importante como a prestação de serviços de água e saneamento (Binale, 2011).

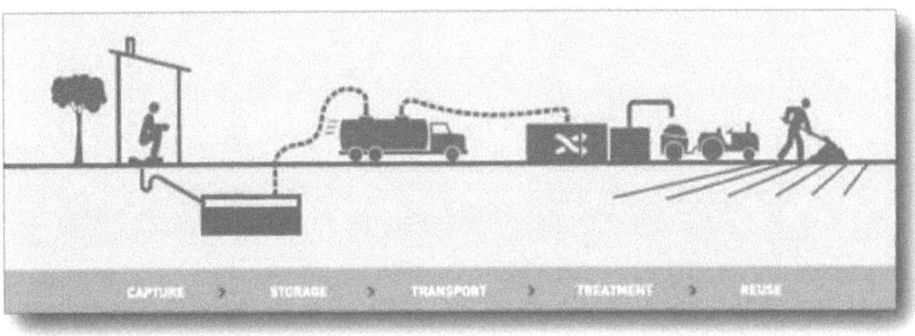

Figura 23: A cadeia de valor da água e do saneamento (www.gatesfoundation.org)

A sociedade civil, e mais ainda as ONG, desempenham um papel fundamental na implementação de projectos de água e saneamento em Kibera. Em primeiro lugar, actuam como mediadores entre as populações urbanas pobres e as autoridades, uma vez que ganharam confiança com ambas as partes e podem articular os desafios que as populações urbanas pobres enfrentam de uma forma que pode ser compreendida pelas agências governamentais e outros actores a montante (Otiso, 2003). Além disso, eles facilitam a mobilização e a consolidação do capital social nas favelas, que pode ser usado como uma força para enfrentar as questões estruturais e políticas (Mukeku, 2014).

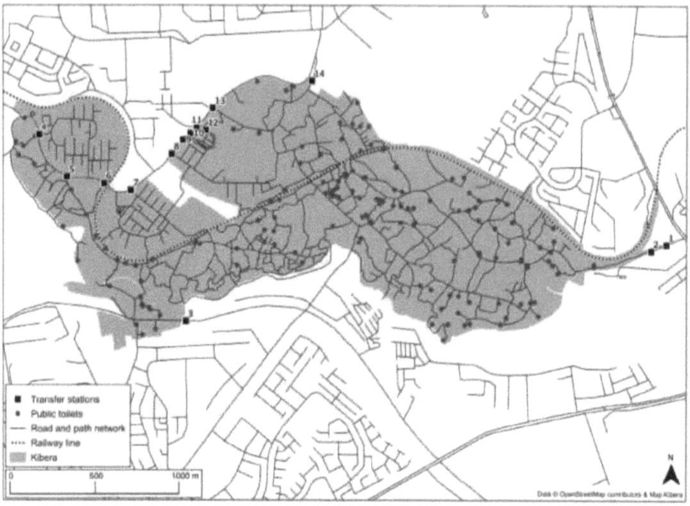

Figura 24: Mapa de Kibera mostrando a localização das casas de banho públicas e as possíveis estações de transferência de resíduos. (Fonte: Kennedy-Walker et al., 2014)

3.4.2.1. Dinâmica das parcerias

O Umande Trust começou por ser um grupo de defesa centrado na justiça social. Em 2004, tinham identificado uma lacuna na água e no saneamento como a maior causa de injustiça e indignidade na povoação que não envolvia diretamente a violência. Por conseguinte, partiram do pressuposto de que os desafios observados poderiam ser resolvidos através da utilização estratégica de recursos que poderiam então ser uma porta de entrada para a resolução das outras vulnerabilidades fundamentais. O seu principal objetivo é, portanto, fornecer soluções inovadoras sustentáveis que captem toda a cadeia de valor da água e do saneamento em aglomerados urbanos. Funcionaram sob os princípios orientadores da equidade, acessibilidade, eficácia ambiental e sustentabilidade (Binale, 2011).

Desde o início do programa, reconheceu-se que eram necessárias parcerias fortes para reunir recursos e capacidades. medida que as consultas na povoação avançavam, a Umande, juntamente com outras ONG, notou que grande parte da discussão girava em torno da falta de saneamento e da propagação de doenças transmitidas pela água e pelo ar (ver fig. 25). Na mesma altura, estavam em curso despejos em massa através da apropriação de terras por promotores imobiliários em vários bairros de lata da cidade. Este facto gerou uma parceria entre várias ONG locais que distribuíram as questões urgentes nos bairros de lata com base nas suas competências individuais (ver fig. 26).

Figura 25: Recomendação feita pelos moradores sobre as melhorias esperadas para o assentamento. (Fonte: UN-Habitat, *2014b)*

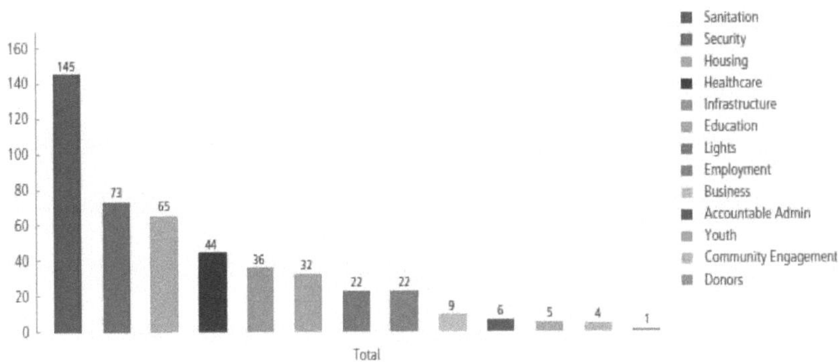

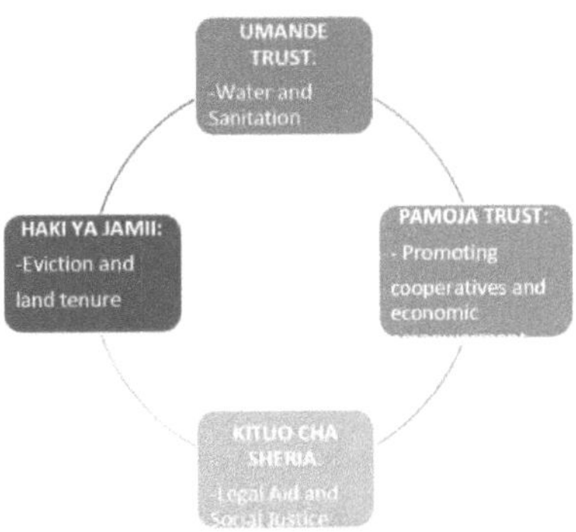

Figura 26: Divisão do trabalho através de parcerias multilaterais. (Fonte: Autor)

Para fazer face ao desafio específico do saneamento, Umande passou a fazer parte de uma parceria entre o governo queniano e a Agência Francesa de Desenvolvimento (AFD) intitulada "Nairobi Water Sewerage Emergency Physical Investment Programme" (NWSEPIP), que atribuiu à Athi Water Services Board (ASWB)[24] o mandato de desenvolver orientações estratégicas para a água e o saneamento em aglomerados informais. As actividades começaram com um inquérito para determinar o número de utilizadores por instalação, a procura e as percepções dos pontos de preço, as fontes existentes de água e saneamento, a distância das instalações disponíveis e os seus custos (Binale, 2011). A análise levou à conceção do primeiro bio-centro em 2006/7. (ver fig. 27). A análise

24A Athi Water é uma das oito juntas de água sob a tutela do Ministério do Ambiente, da Água e dos Recursos Naturais, criada para promover a eficiência, a economia e a sustentabilidade na prestação de serviços de água e de esgotos no Quénia indicou que um bio-centro modelo teria um custo médio de Kshs. 1,2 milhões (€ 10.350) e serviria entre 500-1000 utilizadores por dia (aproximadamente 200 agregados familiares).

Figura 27: (a) O exterior do bio-centro TOSHA de três andares (b) O ponto de água no bio-centro (Fonte: Autor)

Este facto conduziu naturalmente a parcerias entre Umande e grupos comunitários de autoajuda. As parcerias baseavam-se no tipo de membros (mulheres, jovens, deficientes), no registo junto das autoridades e na disponibilidade de terrenos, quer através do grupo, quer através da atribuição pelo representante do condado de Kibera. Os grupos selecionados receberam formação em água e saneamento básico, eco-saneamento, bio-saneamento e fogões a biogás (Binale, 2011) para desenvolver uma forma localizada de saneamento total liderado pela comunidade (CLTS)[25] . Os líderes formados deram depois formação aos beneficiários sobre a utilização correta e os benefícios da instalação. Isto assegurou que os grupos pudessem efetuar a sua própria operação e manutenção, o que reforçou o seu sentido de propriedade e melhorou as relações entre a povoação e os prestadores de serviços. Nas cinco instalações visitadas, havia pelo menos um membro do comité executivo que supervisionava a gestão e as operações. Foram igualmente reforçadas as capacidades em matéria de governação, orçamento, adjudicação de contratos, orçamentação e supervisão. Houve, contudo, problemas durante a execução, uma vez que o projeto inicial tinha apenas um piso para chuveiros e casas de banho, o que a comunidade considerou inadequado e, por conseguinte, exigiu um segundo piso para salas de reuniões, o que aumentou os custos. Além disso, houve roubo de material de construção e de dinheiro, violência política que destruiu as infra-estruturas e dificuldades na supervisão de muitos grupos com necessidades e compreensão

25 O Saneamento Total Liderado pela Comunidade (CLTS) é uma metodologia inovadora para mobilizar as comunidades com o objetivo de eliminar a defecação ao ar livre (DO). As comunidades são incentivadas a efetuar a sua própria avaliação e análise da defecação ao ar livre (DO) e a tomar as suas próprias medidas

diferentes.

À medida que os projectos avançavam, a investigação e o desenvolvimento tornaram-se uma área chave da parceria. Em primeiro lugar, através da Universidade de Cranfield, que introduziu a tecnologia de exaustor de calha - uma bomba manual que recolhe os resíduos das latrinas e das casas de banho - utilizada tanto nas casas de banho recém-construídas como nas casas de banho mais antigas sem manutenção do sítio . Antes da introdução da tecnologia, os residentes utilizavam as casas de banho até estarem cheias e depois deslocavam-se para um novo local para construir uma nova. Esta situação era insustentável, uma vez que o espaço aberto em Kibera é altamente competitivo. Umande também estabeleceu uma parceria com a UN-Habitat, que introduziu o "vacuutank", um camião de exaustão previamente pilotado em Dakar. Infelizmente, em ambos os casos, o terreno e o estado das estradas não eram propícios para os veículos de transporte e a maioria das áreas não podia ser alcançada sem acidentes infelizes.

Após várias tentativas de evacuar e transportar os resíduos, Umande estabeleceu uma parceria com investigadores da Universidade de Nairobi para desenvolver uma tecnologia que transformasse os restantes resíduos sólidos em fertilizantes úteis para a comunidade. Descobriu-se, no entanto, que 85%-90% dos resíduos sólidos produzidos estão contaminados por quistos e bactérias. A investigação indica que as bactérias e os quistos se fixam nas folhas dos vegetais e são prejudiciais para a vida humana (Manula et al., 2015). A parceria contínua com a Universidade está a trabalhar numa estação de tratamento adequada que acabará por ser um custo adicional para a comunidade. No entanto, as comunidades ao longo dos rios estão a utilizar os resíduos sólidos para cultivar milho, banana e cana-de-açúcar, que não são afectados pelos quistos.

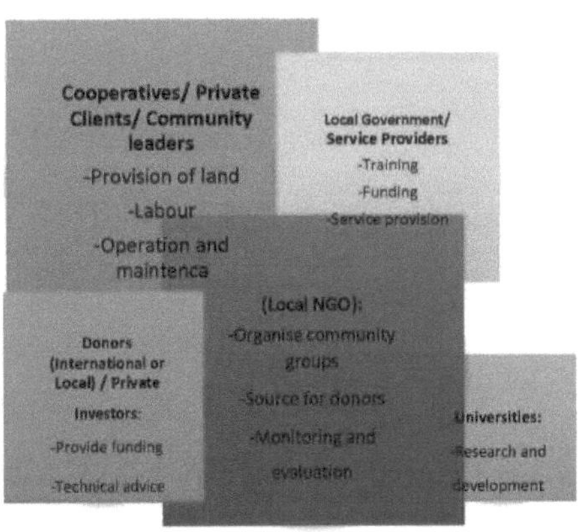

Figura 28: Envolvimento das partes interessadas num balcão único (Fonte: Autor)

3.4.2.2. Relação com a povoação existente

De 2004 a 2006, Umande centrou-se na advocacia, na sensibilização e na ligação dos residentes às organizações prestadoras de serviços. O trabalho inicial de advocacia foi necessário para reparar a relação quebrada entre os residentes e os prestadores de serviços, que impedia a entrada de serviços na povoação. Por conseguinte, nos primeiros anos, a maior parte do trabalho centrou-se em reunir organizações locais como a Nairobi Water and Sewerage Company[26] (NWSC), a ASWB e o Fundo de Desenvolvimento Comunitário com os residentes para explicar os seus planos para a povoação, sensibilizar para o direito à água, o direito a um ambiente limpo e o direito dos cidadãos ao espaço urbano. A conceção foi inspirada em projectos semelhantes em Nova Deli, na Índia, e tem tipicamente uma câmara de biogás no subsolo; casas de banho, chuveiros e espaços para cozinhar no rés do chão; e um espaço de aluguer no primeiro nível (Fig. 28) (Aubrey, 2009).

Nos anos que se seguiram, Umande facilitou a construção de 83 biodigestores a nível nacional em 5 aglomerados informais de Nairobi (Korogosho, Kibera, Mathare, Kibagare e Mukuru), 19 dos quais localizados em Kibera (ver fig. 30). Com base numa análise situacional anterior, os utilizadores pagam 5 Kshs. por visita às instalações ou podem optar por uma taxa mensal de 150 Kshs. (1,30 euros). Também se observam mudanças visíveis no ambiente circundante, com menos casas de banho desactivadas. A saúde, nomeadamente das mulheres e das crianças, melhorou, tendo sido registadas menos incidências de disenteria e cólera.

26 A Nairobi City Water and Sewerage Company é o principal fornecedor de água de Nairobi e das suas áreas metropolitanas.

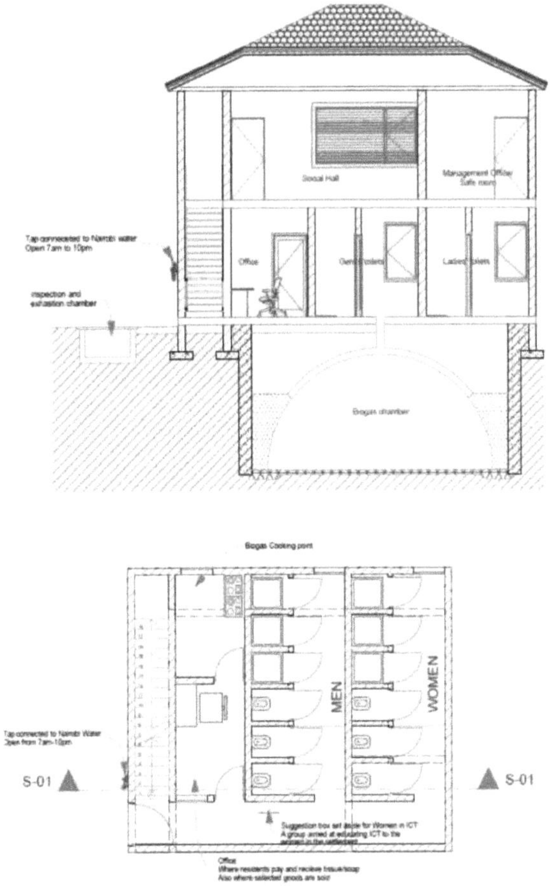

Figura 29: Representação do Soweto East Bio-Centre mostrando as diferentes secções da instalação. (a) Secção transversal (b) Planta do rés do chão. (Fonte: Autor)

Figura 30: Mapa dos bio-centros Umande em Kibera em 2014. (Fonte: http://umande.org/)

Um dos benefícios do bio-centro tem sido o facto de proporcionar uma oportunidade de negócio sustentável para os grupos de autoajuda em Kibera. As conversas com alguns dos líderes indicam que os centros ganham entre 25 000 e 100 000 Kshs por mês (215-860 euros) só com os duches e as casas de banho. Este é um dinheiro que pode ser reinvestido, direcionado para o financiamento de empréstimos e para a operação e manutenção. Um bio-centro registou um lucro anual na ordem dos 280.000 Kshs (2.500 euros), que distribuiu como dividendos aos seus membros. Estes números, no entanto, não constituíram um modelo rentável para atrair mais bancos para as povoações informais. Nos últimos anos, a Umande criou um produto de empréstimo autossustentável, o Fundo de Desenvolvimento Sustentável (SANDEF), para garantir a sustentabilidade dos projectos em caso de falta de financiamento externo. No entanto, este produto é afetado pelo fraco reembolso dos grupos de autoajuda, que ameaça quaisquer fundos externos canalizados para o SANDEF.

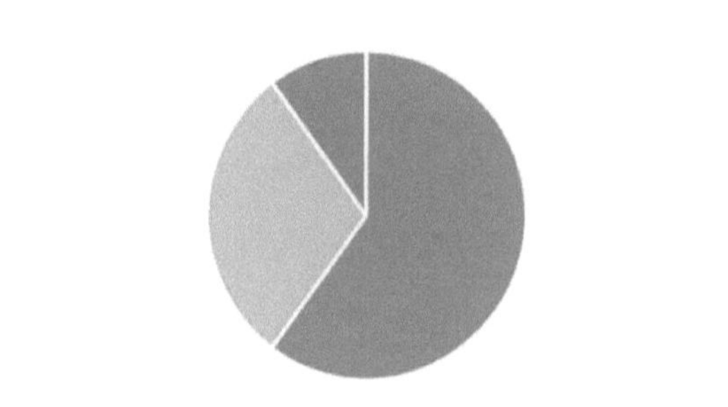

Figura 31: Divisão dos lucros das operações (Fonte: Autor)

A construção de bio-centros desenvolveu abordagens inovadoras no fabrico de tijolos e na construção de cúpulas que aumentaram o conjunto de competências da comunidade e aumentaram a sua potencial capacidade de ganho (Binale, 2011). Foi também desenvolvido um novo sistema de pagamento sem numerário para apoiar métodos de fixação de preços inovadores. No entanto, dependia do apoio do governo, que não foi concedido (Manula et al., 2015). Em algumas instalações visitadas, estavam a ser vendidas lâmpadas solares e fogões a etanol (ver fig. 33). Os vendedores disseram que era mais fácil chegar à comunidade nos bio-centros e usaram frequentemente esta plataforma. Os fogões, juntamente com o biogás, reduziram a incidência de doenças respiratórias, uma vez que os residentes reduziram o uso de carvão vegetal (OMS, n.d.). Os bio-centros também desempenham um papel fundamental na manutenção da paz e realizam programas de paz que reúnem diferentes jovens e líderes étnicos para interagirem com políticos e participarem em acções de formação sobre integração social. Este é um papel importante, uma vez que Kibera sofre *deslocações* maciças *e violência durante os períodos eleitorais.*

Figura 32: Três instalações diferentes com os seus meios de angariação de receitas separados. (a) Uma caixa e um quadro utilizados pelas Mulheres nas TIC (b) Anúncio de um jogo de futebol num dos pavilhões (c) Uma biblioteca aberta aos jovens (Fonte: Autor)

Figura 33: (a) Vendedores de produtos de limpeza negoceiam preços no bio-centro. (b) Uma mulher usa os fogões a biogás no bio-centro. (Fonte: Autor)

Os resultados de um estudo realizado por Binale, (2011) mostraram que, para além da provisão de privacidade, a segurança melhorou, uma vez que os blocos são mais acessíveis, aumentou a sensibilização, uma vez que mais proprietários incluem blocos de ablução nas suas propriedades e reduziram o tempo que as mulheres dedicam à procura de água, aumentando assim a sua capacidade económica. Além disso, muitos dos biocentros foram construídos em zonas industriais abandonadas, com casas de banho sem serviço ou a transbordar de resíduos sólidos. Outro benefício para a comunidade foi a redução de efluentes para as linhas de esgoto existentes, que traziam parasitas e causavam doenças, uma vez que o processo de digestão do biogás produz significativamente menos resíduos líquidos com quase 90% menos agentes patogénicos (Aubrey, 2009). Umande também iniciou a zona livre de defecação ao ar livre, que avalia a eficácia do biocentro num raio de 60-100 m, o que permite obter informações para melhorar a situação (Manula et al., 2015).

3.4.2.3. Integração no tecido urbano

Embora não se tenha observado uma integração direta com a cidade, observou-se uma integração indireta, como o facto de os residentes poderem tomar banho e lavar a roupa mais frequentemente e a horas convenientes, o que é um atributo mais aceitável. Isto permite-lhes chegar ao trabalho limpos e a horas. As mulheres que gerem negócios de venda de legumes também se tornaram mais populares, uma vez que os seus níveis de higiene aumentaram. A limpeza do ambiente na povoação e o aumento da segurança permitiram que esta se tornasse mais acessível ao resto da cidade. O perigo de roubo, especialmente durante o dia, diminuiu, uma vez que a comunidade em torno do bio-centro é mais protetora do seu ambiente. Desta forma, muitos agregados familiares deixam normalmente para trás os seus recipientes de água e vão fazer o seu dia, poupando horas que eram gastas a guardar a sua propriedade ou a procurar água. A dignidade restaurada, especialmente do ambiente, deu aos residentes confiança para iniciarem negócios inovadores em instalações acessíveis.

Figura 34: Os residentes deixam os seus contentores durante o dia no Bio-Centro de Soweto Este. (Fonte: Autor)

Os centros também proporcionaram aos residentes a oportunidade de interagir com organizações nacionais, locais e privadas que os afectam, através de reuniões da câmara municipal, permitindo-lhes falar mais alto sobre as questões que os afectam, especialmente no que diz respeito à política e à justiça. No entanto, como as infra-estruturas continuam a ser deficientes e os sistemas de esgotos limitados, muitas partes da povoação continuam isoladas da cidade.

3.4.2.4 Lacunas institucionais

A posse da terra continua a ser um problema atual na implementação de bio-centros. Um dos principais requisitos dos grupos é o facto de terem de apresentar uma prova de propriedade por parte da autoridade local, o que proporciona alguma forma de legalidade. O apoio do governo local também proporciona uma camada extra de proteção da terra. No entanto, os grupos de autoajuda exprimiram o receio de serem despejados e demolidos se o governo nacional os chamar. A única lei que rege os bio-centros é a Lei da Água (2002), com o apoio do Ministério da Água que a regulamenta. Isto tem sido ajudado pela relação próxima que Umande mantém com a AWSB e o Ministério. Para facilitar o processo de desenvolvimento, o Umande Trust obtém aprovações em bloco em nome dos grupos comunitários. Embora isto não impeça a deslocação obrigatória pelo governo, evita uma ameaça mais imediata de demolição pelos funcionários locais. No entanto, a investigação revelou que os funcionários locais quase nunca visitam o local, tornando a ameaça redundante. A falta de posse também impede os grupos de utilizarem as suas instalações como activos para obterem empréstimos bancários.

Outra grande ameaça é a corrupção que afecta muitos projectos na colónia. Há uma preocupação emergente com a corrupção no sector das ONG, que criou desconfiança entre as partes interessadas

(Harsh et al. 2010; Smith 2010). Reyna e Cassiman, (2012) salientaram que "Kibera é um grande negócio, especialmente para as ONG ocidentais e o Governo do Quénia. É um teatro. É rentável para sustentar

Kibera... alguns cêntimos podem acabar em Kibera". Com uma intervenção governamental limitada na maior parte da colónia, as ONG substituíram o Estado tanto na prestação de serviços como na corrupção. Com as ONG a canalizarem cerca de 200 milhões de euros por ano (Obiyan, 2005), há cada vez mais provas de custos inflacionados, facturas adulteradas, subornos a funcionários e projectos fictícios. Umande referiu a dificuldade de gerir uma ONG limpa, com pressões de alguns funcionários do governo e dos doadores que ameaçam a sua eficácia. Existe também o receio de uma redução do financiamento internacional nos países do Sul devido a factores externos globais, como a atual crise dos refugiados, que tem alimentado as incidências de corrupção (Kimemia, 2014). Além disso, a apropriação de terras levada a cabo por representantes oficiais corruptos do governo continua a ser uma ameaça para a comunidade, com casos relatados de fogo posto e evacuação violenta por bandos contratados para limpar locais atractivos.

As ONG no Quénia são auto-reguladas de acordo com a Lei das ONG 19 de (1990), o que significa que estão vinculadas apenas pelas expectativas e termos fornecidos pelos seus parceiros, sejam eles doadores, organizações internacionais ou governos, que estão todos vinculados por diferentes éticas e regulamentos institucionais. Muitas destas éticas não estão vinculadas a qualquer quadro governamental que controle a comunicação, o financiamento e o código de conduta (Reyna e Cassiman, 2012). Isto faz com que as ONG sejam frequentemente mais gestores de doadores externos do que agentes de mudança, o que põe em risco os projectos e a comunidade. Umande tentou ultrapassar a fricção externa criando uma estrutura organizacional comunitária separada com vários comités (executivo, de gestão empresarial, de concursos e de auditoria) que se responsabilizam mutuamente, reduzindo assim as incidências de interferência externa e de corrupção.

Apesar das críticas sobre a falta de apoio governamental em Kibera, as discussões com os funcionários do governo local e nacional indicaram que há um esforço consciente para reconhecer e apoiar os esforços de reabilitação em curso. Qualquer organização que pretenda trabalhar em Kibera deve registar-se oficialmente junto do governo local. É importante notar também que, segundo as próprias ONG, só com o apoio do governo local é que a Umande tem conseguido capacitar as pessoas do bairro.

3.4.3. Análise da resiliência do KENSUP e dos Bio-Centros

Com base nas informações apresentadas, ambos os projectos parecem ter pontos fortes e fracos semelhantes. No entanto, olhando para os resultados, os biocentros parecem ter um impacto de resiliência mais positivo. Este facto pode provavelmente ser atribuído ao envolvimento muito deliberado da comunidade no projeto e, embora os projectos não sejam da escala do KENSUP, os impactos percebidos pelos utilizadores são mais elevados. Além disso, no mesmo período de tempo, 2004-2017, a KENSUP teve um alcance potencial de 6000 pessoas, enquanto os biocentros tiveram um impacto potencial em 10 000 pessoas. Tendo em conta as dotações orçamentais, os compromissos técnicos e os requisitos legais, a abordagem de base para alcançar a resiliência parece apresentar melhores resultados do que uma abordagem impulsionada pelo governo. A única dimensão em que o governo tem tido uma vantagem é a da saúde e do bem-estar. Este facto está relacionado com a sua capacidade de fornecer rápida e eficazmente infra-estruturas e instalações profissionais. No entanto, a sua baixa pontuação global nessa dimensão baseia-se na falta de investimento direto na saúde. Embora ambos os projectos tenham efetivamente melhorado a saúde e, por conseguinte, a qualidade de vida, a IRC coloca a tónica na prestação direta de cuidados de saúde e de serviços médicos de emergência e não nos benefícios indirectos decorrentes da presença dos projectos. O projeto KENSUP obteve uma pontuação baixa em economia e sociedade, uma vez que as suas instalações comerciais ainda estão em construção e o impacto exato do projeto não pode ser determinado neste momento. No entanto, a localização das novas instalações poderá atrair pessoas de fora da povoação, o que poderá aumentar as oportunidades para os residentes da povoação.

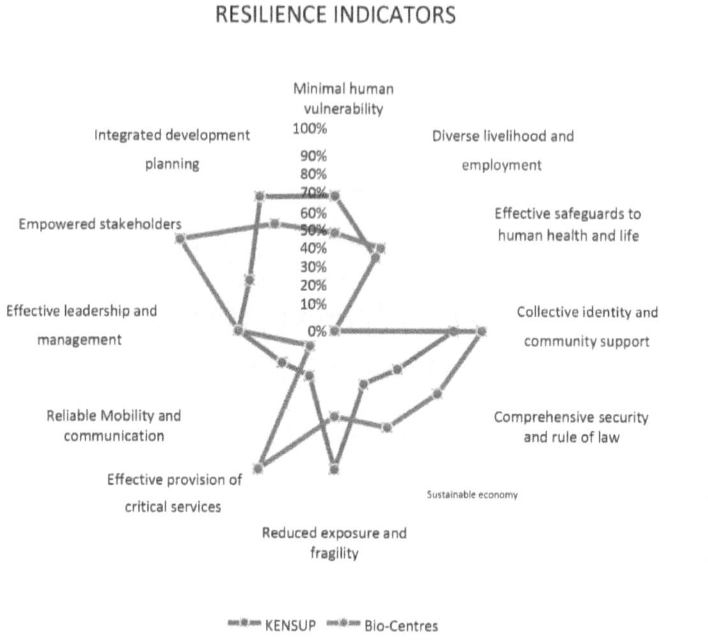
RESILIENCE INDICATORS
Minimal human vulnerability
100%
90%
80%
70%
60%
50%
40%
30%
20%
10%
0%
Diverse livelihood and employment
Effective safeguards to human health and life
Collective identity and community support
Comprehensive security and rule of law
Sustainable economy
Reduced exposure and fragility
Effective provision of critical services
Reliable Mobility and communication
Effective leadership and management
Empowered stakeholders
Integrated development planning
KENSUP
Bio-Centres

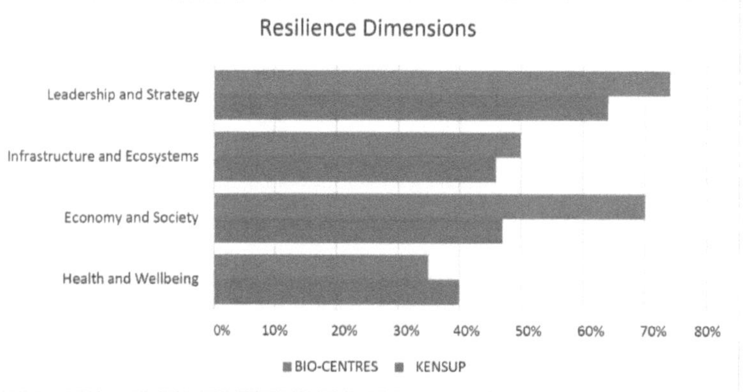
Resilience Dimensions
Leadership and Strategy
Infrastructure and Ecosystems
Economy and Society
Health and Wellbeing
0%
10%
20%
30%
40%
50%
60%
70%
80%
BIO-CENTRES
KENSUP

4. FERRAMENTAS PARA REFORÇAR A RESILIÊNCIA EM POVOAÇÕES INSURRECTAS

A resiliência em Nairobi, tal como em muitas cidades do Sul, deve centrar-se nas vulnerabilidades humanas básicas e nas inovações locais que surgem subsequentemente. Uma vez que o discurso clássico da resiliência enfatiza a recuperação e a estabilidade, é de perguntar se a manutenção do status quo é desejável na definição da resiliência do Sul com os seus actuais sistemas sociais, políticos ou económicos ou se deixaria muitos dos seus cidadãos em desvantagem (Seeliger e Turok, 2013). Por conseguinte, na definição de resiliência das cidades do Sul, a acessibilidade, a coprodução e a sustentabilidade são fundamentais para a manutenção e adaptação de funções vitais que garantam a melhoria dos meios de subsistência dos mais vulneráveis, ao mesmo tempo que melhoram os grupos mais abastados.

A resiliência nas cidades do Sul pode, portanto, ser definida como a capacidade da cidade para elevar todos os seus cidadãos, nas quatro dimensões, a um nível que lhes permita superar confortavelmente os desafios quotidianos.

Tendo em conta os resultados, as seguintes ferramentas foram identificadas como fundamentais para melhorar a resiliência nas povoações insurrectas, o que aumentaria a resiliência em cidades inteiras.

4.1. Propriedade

A requalificação é um empreendimento socioeconómico e não pode ser levada a cabo com êxito sem o envolvimento da comunidade, abraçando a cultura local e a coesão social. No entanto, até muito recentemente, a apropriação não tem sido uma prioridade máxima na realização de projectos de modernização em muitos aglomerados insurrectos. Esta situação não foi apenas evidenciada em Nairobi, mas foram registados despejos forçados em povoações no Afeganistão, Camboja, Egito, Índia e Ruanda (Marx et al., 2013). Ao negar aos cidadãos o direito à propriedade, é-lhes também negado o direito à resiliência, uma vez que não podem adaptar o seu ambiente aos choques e tensões que enfrentam. No entanto, os resultados mostraram uma mudança de paradigma para processos mais inclusivos que melhoraram os benefícios obtidos pelos cidadãos.

Esta investigação indica que a apropriação pode ser desenvolvida de diferentes formas: através da capacitação económica, social ou jurídica (ou uma combinação destas). Ao criar um quadro participativo, um sector da sociedade que é frequentemente esquecido sente-se parte do desenvolvimento de políticas e resultados que reflectem as suas vidas e valores. Um bom exemplo pode ser extraído do quadro Future Proofing Cities aplicado em Bangalore e Mudrai, na Índia, que utilizou um processo de planeamento participativo em aglomerados urbanos para desenvolver formas de diagnosticar e agir sobre o risco climático nas zonas urbanas (Fórum Económico Mundial, 2015). Além disso, os processos participativos abrem as realidades positivas dos assentamentos para o resto da cidade. Um relatório de avaliação sobre o Participatory Slum Upgrading Programme (PSUP) em 35 países de África, Caraíbas e Pacífico salienta que o envolvimento dos habitantes dos bairros degradados como cidadãos e não como estatísticas criou percepções mais positivas da cidade formal e levou ao desenvolvimento de ideias que são aplicadas a toda a cidade (União Europeia, 2016). O relatório mostrou que, mesmo em Nairobi, quanto mais os cidadãos se sentem envolvidos na mudança, mais dispostos estão a investir e a manter essa mudança.

Pode concluir-se desta investigação que as sociedades civis têm um melhor controlo do envolvimento da comunidade do que o governo. Isto deve-se possivelmente ao facto de serem suficientemente pequenas para manterem um contacto pessoal contínuo com a comunidade e terem muito menos restrições burocráticas que atrasam a implementação. No entanto, o governo tem o quadro institucional para garantir a propriedade legal, que é tão importante como qualquer outro capital social. Infelizmente, os contínuos jogos de poder têm impedido estas sinergias aparentemente naturais. O desejo de investir apenas em grandes projectos de capital tem sido um impedimento à criação destas sinergias. De acordo com a UN-Habitat (2014b), o Estado recusa-se frequentemente a reconhecer que as mudanças vividas por qualquer comunidade são de importância vital para essa comunidade e são válidas por direito próprio.

4.2. Estrutura institucional e de governação favorável

Como mencionado na introdução, muitas cidades do Sul são vítimas de leis coloniais herdadas que dificultam a criação de mecanismos adequados necessários para alcançar a resiliência urbana global. No entanto, à medida que os aglomerados insurgentes ganham mais reconhecimento como parte do sistema de planeamento urbano, os governos começaram a promulgar regulamentos que atendem especificamente às práticas de planeamento insurgentes. Estes incluem mecanismos que facilitam a tomada de decisões conjuntas, resolvem litígios e incentivam inovações que reforçam a confiança e a apropriação. A criação de regulamentos favoráveis tem demonstrado ter benefícios residuais que afectam toda a cidade. Em cidades como Maputo, Moçambique, onde metade dos cidadãos vive abaixo do limiar de pobreza, a Parceria Público-Privada-Pessoal para o Desenvolvimento Compatível com o Clima (4PCCD) desenvolveu uma parceria entre os cidadãos e os decisores políticos para garantir que todos os cidadãos expressam as suas opiniões sobre os planos relativos às alterações climáticas (UNFCC, 2014). As políticas adoptadas no âmbito deste processo beneficiaram toda a cidade, reduzindo a incidência de inundações através de sistemas de eliminação de resíduos específicos e de programas de educação ambiental. Em Lagos, na Nigéria, a implementação de um sistema de Bus Rapid Transit, que inicialmente se destinava aos pobres urbanos, não só reduziu as emissões de CO^2 como reduziu o tempo de deslocação de muitos cidadãos e, consequentemente, tornou a cidade mais habitável.

O quadro de governação correto também tem um impacto significativo na forma como os decisores políticos e as sociedades civis desenvolvem planos e regulamentos para os tornar mais inclusivos e orientados para necessidades específicas. Muitos dos problemas que afectam os projectos nas povoações de Nairobi são causados por um quadro institucional fraco, que dificulta a execução dos projectos e limita o seu êxito. A principal questão que se coloca no âmbito do projeto KENSUP é a seguinte: "Se o governo é capaz de conceder direitos legais de propriedade ao novo empreendimento construído em terrenos previamente demolidos, o que o impede de conceder direitos legais ao resto da povoação?" A fraqueza das instituições é o que desenvolveu a segregação desnecessária através de programas de resiliência que visam apenas pequenos sectores da sociedade. Como demonstrado no caso de Nairobi, um quadro fraco impede o acesso a serviços básicos, finanças e serviços jurídicos. Dado o âmbito e a escala dos desafios da pobreza urbana e dos abrigos inadequados, pode deduzir-se que as intervenções formais são uma condição necessária para melhorar os meios de subsistência.

4.3. Sistemas financeiros acessíveis

A economia é um fator importante de sustentabilidade e, subsequentemente, de resiliência. À medida que os modelos neoliberais de economia começam a mostrar limitações com as suas forças de mercado auto-reguladoras, como se viu na crise financeira global de 2008, estes mesmos modelos podem não ser os melhores para as cidades onde muitos dos cidadãos estão em constante ameaça de pobreza abjecta e podem, portanto, não recuperar de um choque inesperado no sistema atual. A economia neoliberal é sentida mesmo em povoações como Kibera, onde os preços dos imóveis são afectados pelos efeitos da oferta e da procura, tal como em qualquer outra parte da cidade, mesmo que as aquisições continuem a ser ilegais.

Ambos os projectos discutidos requerem amplos recursos financeiros para serem implementados com êxito, a ponto de se poder considerar que aumentaram significativamente a capacidade de resistência dos cidadãos. Segundo os funcionários de ambas as partes, estes recursos financeiros estão a tornar-se cada vez mais limitados. Por conseguinte, soluções locais mais localizadas estimulariam as economias locais e garantiriam que os cidadãos fossem protegidos das forças globais e que os projectos se mantivessem sustentáveis. No entanto, a utilização dos recursos, uma vez garantidos, continua a ser uma questão de debate. As preocupações levantadas pela UN-Habitat e pela Umande questionam o facto de a construção do novo bairro ser a melhor forma de utilizar o orçamento da KENSUP. O governo parece não ter vontade de atribuir fundos a projectos que não lidera diretamente. Embora tenha a capacidade financeira para executar grandes projectos de resistência, são necessárias soluções mais inovadoras e inclusivas para ter o máximo impacto. Um caso importante a considerar seria o Mecanismo de Orçamento Participativo no Brasil, em que os cidadãos se envolvem diretamente com os decisores políticos para definir prioridades para os orçamentos municipais (Banco Mundial, 2008). Este mecanismo direcionou efetivamente os fundos públicos para iniciativas mais favoráveis aos pobres e aumentou a responsabilidade do governo. O acesso ao financiamento público também incentiva as agências de financiamento privadas a comprometerem-se com projectos de melhoria urbana, o que acaba por atingir uma base de cidadãos muito maior do que a constante dependência do financiamento dos doadores.

4.4. Parcerias eficazes

A modernização das práticas de planeamento insurgentes no Sul global é um processo complexo que exige parcerias e trabalho em rede entre as principais partes interessadas para desenvolver soluções inovadoras para os problemas através da sensibilização, do apoio e da execução. As parcerias alargam o alcance, os recursos e a legitimidade de um programa e são necessárias entre as esferas pública e privada, o governo e a comunidade, o governo e a sociedade civil, a comunidade e a sociedade civil e entre as agências governamentais. Uma coordenação bem sucedida das parcerias elimina o oportunismo, supera os conflitos, melhora o processo de governação, mantém a concentração nas questões importantes, desenvolve as oportunidades económicas e de emprego e reconhece as diversidades existentes. Mesmo em países desenvolvidos como a Alemanha e o Reino Unido, estas parcerias estão a ser estabelecidas para fazer face à alteração da composição urbana provocada pela globalização e pela migração (Friesecke, 2007).

As parcerias são talvez ainda mais críticas nos países em desenvolvimento que não dispõem de instituições suficientemente fortes para lidar com a paisagem urbana em rápida mutação. Um estudo de Corburn e Sverdlik, (2017) mostra que "as iniciativas bem-sucedidas são frequentemente impulsionadas por parcerias entre o Estado e a comunidade que têm origem no reconhecimento pelo governo dos direitos e da legitimidade dos habitantes dos bairros de lata". Em Kibera, as parcerias entre o governo, as cooperativas e as organizações de capacitação económica registaram um crescimento maciço das poupanças e dos investimentos dos residentes dos bairros de lata. Numa situação semelhante, na Favela Barrio, na Colômbia, as iniciativas de requalificação de bairros degradados patrocinadas pelo Estado foram levadas a cabo através de parcerias com a residência que reconheciam os direitos e a legitimidade dos residentes (Marx et al., 2013). As parcerias, especialmente com o Estado ou a cidade, são conhecidas por ajudarem a integrar projectos de pequena escala com impacto limitado, tornando-os mais eficazes na melhoria dos meios de subsistência dos beneficiários.

Figura 35: Acordo de parceria ideal tendo em conta as suas capacidades únicas. (Fonte: Autor)

5. CONCLUSÃO

Kibera é uma acumulação de décadas de negligência no planeamento, criando um equilíbrio delicado entre a demolição de estruturas físicas e a preservação da cultura, que é fundamental para criar uma comunidade urbana vibrante. As ONG abraçam a participação da comunidade, o que se reflecte no ambiente existente nos bairros de lata e incorpora elementos com que a comunidade se sente mais confortável (Mukeku, 2014). No entanto, até mesmo as sociedades civis mais bem-intencionadas não podem fazer muitas mudanças. Uma revisão completa da forma como a insurreição é encarada e, por conseguinte, gerada, só pode ser efectuada através de esforços combinados de várias partes interessadas, de quadros regulamentares adequados e de um mecanismo financeiro claramente concebido.

As evidências mostram que as vulnerabilidades enfrentadas nos bairros de lata podem ser abordadas de forma sistemática e construtiva através dos sistemas socioecológicos disponíveis (UN-Habitat, 2014b). Os residentes passaram a aceitar o seu ambiente e estão a fazer mudanças para o seu próprio melhoramento. Os bio-centros são um exemplo da capacidade dos residentes da colónia, com os recursos certos. Não é, de modo algum, o único projeto que desenvolveram e, em toda a colónia, há provas de como uma pequena ajuda pode melhorar os meios de subsistência. Para além das melhorias físicas, é importante notar que ambos os projectos aumentaram os níveis de resiliência. Uma situação ideal exigiria que a sociedade civil, as organizações de investigação, os governos e a comunidade encontrassem uma estrutura de parceria que não só tivesse o maior impacto na comunidade, mas que integrasse tanto a parte formal como a parte insurreta. Nas estruturas actuais, existem desafios em termos de poder e de recursos que têm prejudicado as parcerias e, consequentemente, afetado negativamente a comunidade. Isto tem sido um espinho nos projectos de modernização do governo, criando desafios de replicação e sustentabilidade mesmo dos projectos mais pequenos. Dada a situação atual, é provável que o projeto KENSUP continue a ser um projeto autónomo. Há lições a aprender e a trocar entre os projectos das ONG, que dominaram a arte da replicação rápida, e o governo, que dispõe de estruturas e regulamentos sólidos necessários para levar a cabo projectos de grande envergadura.

O discurso da resiliência nos aglomerados insurrectos também é afetado pela mudança do discurso global de despejo e negligência para políticas mais positivas, tais como a habitação de autoajuda, a melhoria no local e as políticas de capacitação e baseadas nos direitos (UN-Habitat, 2003). As organizações internacionais estão a encorajar as cidades do Sul a adoptarem políticas adequadas que permitam aos bairros de lata tornarem-se financeira e socialmente incluídos, criando oportunidades para a segurança da posse, a capacitação económica e a melhoria da habitação. A melhor prática aceite para as intervenções habitacionais nos países em desenvolvimento é o PSUP da UN-Habitat, que incentiva abordagens holísticas de melhoria dos bairros que consideram a saúde, a educação, a habitação, os meios de subsistência e o género. Isto deve dar uma orientação clara aos doadores e à sociedade civil para se envolverem com as povoações de uma forma que seja mais benéfica para os beneficiários e reduzir a incidência de ONG que vêem a povoação como um mecanismo de financiamento. Os desafios da colónia devem ser encarados como oportunidades necessárias para desenvolver soluções duradouras e não apenas como vulnerabilidades.

É necessária mais investigação sobre a forma como as caraterísticas supramencionadas de propriedade, financiamento, instituição e parceria podem ser aproveitadas para criar um impacto significativo, não só na imagem da cidade, que tem sido uma força motriz das agendas de requalificação dos bairros degradados, mas especificamente nas pessoas que enfrentam constantemente os desafios decorrentes da insurreição não regulamentada. Há provas globais de que a aplicação de uma ou duas das caraterísticas contribuiu para melhorar os meios de subsistência dos cidadãos. A aplicação das quatro caraterísticas é suscetível de aumentar a qualidade de vida e reduzir o crescente fosso de pobreza que se verifica em muitas cidades do mundo.

6. BIBLIOGRAFIA

Allen, C., 1997. Quem precisa da sociedade civil? 24, 329-337.

Alsayyad, N., 2004. A informalidade urbana como um "novo" modo de vida.

Aubrey, D., 2009. Community - based sanitation entrepreneurship in Mukuru and Korogocho informal settlements, Nairobi 1-6.

Auyero, J., 1997. Wacquant nos bairros de lata argentinos : Comentário a "Três premissas perniciosas no estudo do gueto americano" de Wacquant. Principal 1989-1992.

doi:10.1111/1468-2427.00094

Batliwala, S., 2002. Grassroots movements as transnational actors: Implications for global civil society.

Voluntas 13, 393-410. doi:10.1023/A:1022014127214

Binale, A., 2011. Umande Trust: Abordagem de bio-centro na melhoria de bairros degradados. Les Cah. d'Afrique l'est 167186.

Chatterjee, P., 2004. The Politics of the Governed.

Checkel, J.T., 2011. The Social Dynamics of Civil War : Insights from Constructivist Theory. Simons Pap. Secur. Dev.

Chege, E., 2013. Challenges of Slum Upgrading for Urban Informal Settlements; Case of Soweto East Village in Kibera Informal Settlements, City of Nairobi.

Corburn, J., Sverdlik, A., 2017. Urbanização de bairros degradados e equidade na saúde. Int. J. Environ. Res. Saúde Pública 14, 1-12. doi:10.3390/ijerph14040342

Cox, R.W., 1999. Civil Society at the Turn of the Millenium: Prospects for an alternative world order 25, 3-28.

Davis, M., 2006. Planet of Slums.

De Soto, H., 2000. O Mistério do Capital.

Ekdale, B., 2004. Kibera's History 1-16.

União Europeia, 2016. TRANSFORMAR VIDAS NAS ZONAS URBANAS: APOIO DA UE AO DESENVOLVIMENTO URBANO 10-11.

Friedmann, J., 2003. Porquê a Teoria do Planeamento? Plan. Theory 2, 7-10.

doi:10.1177/1473095203002001002

Friedmann, J., 1987. Planning in the Public Domain: Do conhecimento à ação.

Friesecke, F., 2007. The Role of Partnerships in Urban Regeneration - Similarities and Differences between Germany and United Kingdom (O papel das parcerias na reabilitação urbana - semelhanças e diferenças entre a Alemanha e o Reino Unido). FIG Work. Week 2007 (Hong Kong SAR, China, 1317 de maio de 2007) 1-18.

Gilbert, A., 2007. O regresso do bairro de lata: A língua é importante? Int. J. Urban Reg. Res. 31, 697-713. doi:10.1111/j.1468-2427.2007.00754.x

Golafshani, N., 2003. Understanding Reliability and Validity in Qualitative Research (Compreender a fiabilidade e a validade na investigação qualitativa) 8, 597-606.

Habermas, J., Mccarthy, T., 1987. A Teoria da Ação Comunicativa - Mundo da Vida e Sistema: Uma crítica da razão funcionalista.

Hall, P., Pfeiffer, U., 2000. Relatório de base sobre o Relatório Mundial sobre o Futuro Urbano 21. Urbano

21 Glob. Conf. Urban Futur. 5, 60-63. doi:10.1177/1946756712473455

Healey, P., 2007. Sandercock: "Expandir a linguagem do planeamento" 4313. doi:10.1080/09654319908720536

Hearn, J., 2001. The "Uses and Abuses" of Civil Society in Africa 28, 43-53.

ICLEI, Barbizan, T.S., Kavanaugh, L., Mitroliou, E., 2016. Relatório Cidades Resilientes 2016: Desenvolvimentos globais na adaptação e resiliência urbanas.

Joireman, S., Vanderpoel, R.S., 2010. In Search of Order: Property Rights Enforcement in Kibera Settlement, Kenya. doi:http://dx.doi.org/10.2139/ssrn.1217867

K'Akumu, O.A., 2004. Evaluation of Housing Statistics in Kenya (Avaliação das Estatísticas da Habitação no Quénia). Habitat Int.

doi:10.1016/j.habitatint.2004.06.002

Karari, P.M., 2009. The Challenges Facing Kenya Slum Upgrading Programme in the Realizing the International Elements of the Right to Housing.

Katz, H., 2006. Gramsci, hegemonia e redes globais da sociedade civil. Voluntas 17, 332-347. doi:10.1007/s11266-006-9022-4

Kennedy-Walker, R., Holderness, T., Barr, S., Alderson, D., Evans, B., 2014. Modelação de redes para a gestão de lamas fecais com base em estradas. Proc. ICE - Munic. Eng. 167, 157-165. doi:10.1680/muen.13.00021

Kenya Government Printer, 2004. Kenya Slum Upgrading Programme (KENSUP) - Implementation Strategy (2005-2020).

Prestadores de serviços do sector da saúde nacional do Quénia, 2010. Descrição do sistema de saúde do Quénia 2005-2010.

Kimemia, D., 2014. Desafios à governação democrática nos países em desenvolvimento 157

170. doi:10.1007/978-3-319-03143-9

Kitto, S.C., Chesters, J., Grbich, C., 2008. Qualidade na Investigação Qualitativa. Med. J. Aust. 4, 24346. doi:10.4135/9781848608191

Krueckeberg, D.A., 1995. O carácter difícil da propriedade: A quem pertencem as coisas? 4363.

Kuecker, G., n.d. Resilience, Transition, and Knowledge (Resiliência, Transição e Conhecimento): Global South Perspectives 25149.

Kusienya, C.M., 2010. Planeamento de acções de relocalização na melhoria de bairros degradados: O caso do assentamento informal Soweto-east de Kibera em Nairobi, Quénia. Univ. Nairobi Dep. Real Estate Constr. Imobiliário. Sch. Built Environ.

Manula, G.K., Mugwima, B.N., Omotto, J., Rosana, E., 2015. Gestão de resíduos humanos em assentamentos informais: Bio-centros no assentamento informal de Kibera, Quénia. 5th Int. Dry Toilet Conf. 2015, Tampere, Finlândia, 19-22 de agosto.

Marcussen, H.S., 1996. ONG, o Estado e a Sociedade Civil 23, 405-423.

Marris, P., 1979. The meaning of slums and patterns of change.

Marx, B., Stoker, T., Suri, T., 2013. The Economics of Slums in the Developing World. J. Econ.

Perspect. 27, 187-210. doi:10.1257/jep.27.4.187

Merriam, S.B., 1998. Qualitative Research and Case Study Applications in Education (Investigação Qualitativa e Aplicações de Estudos de Caso na Educação). Revisto e alargado a partir de "Case Study Research in Education".

Miles, M.B., Huberman, A.M., 1994. Qualitative Data Analysis: An Expanded Sourcebook.

Miraftab, F., 2009. Insurgent Planning: Situating Radical Planning in the Global South 8, 32-50.

Miraftab, F., Wills, S., 2005. Insurgência e Espaços de Cidadania Ativa: The Story of Western Cape Anti-eviction Campaign in South Africa. J. Plan. Educ. Res. 25, 200-217. doi:10.1177/0739456X05282182

Modaress, A., 2003. A Dialética do Desenvolvimento nas Políticas Urbanas dos EUA: Uma teoria alternativa da pobreza.

Mokua, N.D., 2014. Challenges Facing Settlement Executive Committees in Slum Upgrading Programs in Kenya: Um estudo de caso do município de Eldoret. Univ. Nairobi Dep. Real Estate Constr. Manag. Sch. Built Environ.

Mukeku, J.S., 2014. A lógica dos ambientes auto-construídos: Soweto East Village, Kibera Slums. Oslo Sch. Archit. Des.

Musyoka, P.K., 2012. Demand for Housing in Urban Kenya: The Case of Households in Nairobi and Mombasa Counties (O caso dos agregados familiares nos condados de Nairobi e Mombaça). Instituto de Investigação de Políticas Públicas do Quénia.

Ochieng, B., Matheka, J.K., 2007. Diretório de Organizações em Kibera Nairobi. Popul. Counc. 1-83.

Gabinete de Proteção da Investigação Humana, 1979. O Relatório Belmont.pdf.

Gabinete do Procurador-Geral, 2009. LEIS DO QUÉNIA: A Lei de Aquisição de Terras de 2009, 1-28.

Parnell, S., Oldfield, S., 2013. THE ROUTLEDGE HANDBOOK ON CITIES OF THE GLOBAL SOUTH A NOVA CIDADE DIVIDIDA?

Parnell, S., Robinson, J., 2013. (Re)teorizar as cidades do Sul Global: Looking

Beyond Neoliberalism 3638. doi:10.2747/0272-3638.33.4.593

Perrings, C., 2006. Resiliência e desenvolvimento sustentável. Environ. Dev. Econ. 11, 417. doi:10.1017/S1355770X06003020

Reyna, S.H., Cassiman, P.A.N.N., 2012. As ONG vs. o Estado em Kibera.

Roy, A., 2005. Informalidade urbana: Toward an Epistemology of Planning. J. Am. Plan. Assoc. 71, 147

158. doi:10.1080/01944360508976689

Seeliger, L., Turok, I., 2013. Rumo a cidades sustentáveis: Alargar a resiliência com conhecimentos da teoria da vulnerabilidade e da transição. Sustain. 5, 2108-2128. doi:10.3390/su5052108

Shrestha, P., Aranya, R., 2015. Reivindicação de espaços convidados e inventados: Contingências para práticas de planeamento insurgentes. Int. Plan. Stud. 20, 424-443. doi:10.1080/13563475.2015.1028909

Constituição do Quénia, 2010.

O Tesouro Nacional do Quénia, 2017. TESOURO NACIONAL RESUMO DO ORÇAMENTO PARA O EXERCÍCIO FISCAL DE 2016 / 17 E INFORMAÇÕES DE APOIO abril de 2016 RESUMO DO ORÇAMENTO PARA O EXERCÍCIO FISCAL DE 2016 / 17 E INFORMAÇÕES DE APOIO.

República do Quénia, 2012. Lei de Coordenação das Organizações Não-Governamentais.

Fundação Rockefeller, ARUP, 2015. City Resilience Index 16. doi: Londres, Reino Unido

Banco Mundial, 2009. Reshaping economic geography. Relatório sobre o Desenvolvimento Mundial 2009 40, 1269-1277.

Un-Habitat, 2008. UN-HABITAT E O PROGRAMA DE MELHORIA DE FOSSAS DO QUÉNIA: Documento de Estratégia.

ONU-Habitat, 2016. HABITAT III: Nova Agenda Urbana.

ONU-Habitat, 2014a. Relatório de Avaliação da Intervenção Pós-Projeto - Projeto Integrado de Saneamento de Água e Gestão de Resíduos - Progresso e Promessa: Inovação na Requalificação de Bairros degradados 105.

ONU-Habitat, 2014b. Projeto integrado de saneamento de água e gestão de resíduos de Kibera: Um relatório de pós-avaliação.

ONU-Habitat, 2008. Documento de estratégia do UN-HABITAT e do KENYA SLUM UPGRADING PROGRAMME.

UN-Habitat, 2003. O desafio dos bairros de lata.

Un-Habitat, PNUA, 2010. A mobilidade causa problemas na contagem das populações dos bairros de lata da África Subsariana. Estado das Cidades Africanas 2010.

Assembleia Geral da ONU, 2005. Proclamação da Década Internacional de Abastecimento de Água e Saneamento.

Nações Unidas, 2014. Perspectivas de urbanização mundial.

Velychko, O., 2013. Práticas emergentes de planeamento entre as bases urbanas na Zâmbia: Planeamento Insurgente ou Coprodução?

Watson, V., 2012. O planeamento e as "realidades teimosas" das cidades do sudeste global: Some emerging ideas. doi:10.1177/1473095212446301

Watson, V., 2012. O Planeamento e as "Realidades Teimosas" das Cidades do Sudeste Global: Some Emerging Ideas. Plan. Theory 12, 81-100. doi:10.1177/1473095212446301

Watson, V., 2002. Racionalidades em conflito: Implications for Planning Theory and Ethics 9357.

doi:10.1080/1464935032000146318

Weru, J., Wanyokie, W., Giovanni, A. di, 2005. Confronting Complexity: Using Action Research to Build Voice, Accountability and Justice in Nairobi's Mukuru Informal Settlement.

Banco Mundial, 2008. Brasil: rumo a um orçamento participativo mais inclusivo e eficaz em Porto Alegre, volume 2: anexos 2, 1-106.

Fórum Económico Mundial, 2015. O futuro do desenvolvimento urbano e dos serviços: Urban Development

Recommendations for the Government of India [Recomendações de desenvolvimento urbano para o Governo da Índia]. Urban Dev. Recomendações. Gov. Índia 1-38.

Yelling, J.A., 1986. Slum and Slum Clearance in Victorian London.

Yin, R.K., 1994. Case Study Research: Design and Methods (Applied Social Research Methods).

7. APÊNDICE

7.1. Estimativas da população de Kibera em 2003 (por aldeia) [27]

Village	No. of Structures	Approx. No. of Households per Structure	Population estimate	Estimated Area (Ha)	Population density (persons per Ha)
Gatwekera	2,217	5	55,425	28.557	1,940
Kambi Muru	424	5	10,600	7.758	1,366
Kianda	1,344	5	33,600	15.764	2,131
Kisumu Ndogo	1,105	5	27,625	16.987	1,626
Laini Saba	2,103	5	53,250	23.682	2,248
Lindi	1,818	5	45,450	26.213	1,733
Makina	2,769	5	69,225	42.666	1,622
Mashimoni	905	5	22,625	12.159	1,860
Raila	914	5	22,850	7.797	2,930
Silanga	1,730	5	43,250	22.445	1,926
Soweto East	2,149	5	53,725	21.379	2,512
Soweto West	622	5	15,550	7.088	2,193
TOTALS	**18,127**		**453,175**	**232.495**	**2,007**

7.2. Resultados das entrevistas

Organisation	Number	Male	Female
Ministry of Land, Housing and Urban Development (KENSUP)	3	3	0
UN-Habitat (Slum Upgrading Unit)	1	1	0
Nairobi County Council	3	1	2
Umande Trust	3	2	1
Community Group Leaders	7	7	0
Residents	10	8	2
Settlement Executive Committee	1	1	0

***Todos os entrevistados tinham mais de 18 anos de idade. De todos os residentes entrevistados, apenas as 2 mulheres não tinham concluído pelo menos o ensino secundário.**

7.2.1. Modos de desenvolvimento dos bairros de lata elaborados pelo Ministério da Terra, da Habitação

27 Os números variam consoante a documentação. Estes foram os dados mais completos encontrados durante a investigação e foram retirados do documento de concurso enviado pela KENSUP para consulta sobre cooperação e capacitação económica (2006)

e Desenvolvimento Urbano, Quénia

TOWN	MODE OF DEVELOPMENT (IN PERCENTAGES)			
	Full Redevelopment	Partial redevelopment		
		Site and service with core units	Basic infrastructure services, plot secure tenure and a slab	Basic infrastructure services, plots and secure tenure
Nairobi City	30	20	20	30

(Kenya Government Printer, 2004)

7.2.2. Resultados do KENSUP

7.2.2.1. Parâmetros do índice de resiliência (KENSUP)[28]

GOALS	INDICATORS	NOT CONSIDERED (0)	POOR (0.33*x)	AVERAGE (0.67*x)	GOOD (1*x)
Minimal human vulnerability (73%)	Safe and affordable housing (20%)				■
	Adequate affordable energy supply (20%)				■
	Inclusive access to safe drinking water (20%)			■	
	Effective sanitation (20%)				■
	Sufficient affordable food supply (20%)	■			
Diverse livelihood (46%)	Inclusive labour policies (20%)	■			
			■		
	Local business development and innovation (20%)			■	
	Supportive financial mechanisms (20%)			■	
	Diverse protection of livelihoods following shock (20%)			■	
Effective safeguards to human health and life (0%)	Robust public health system (25%)	■			
	Adequate access to quality healthcare (25%)	■			
	Emergency medical care (25%)	■			
	Effective emergency response services (25%)	■			
Collective identity and community support (67%)	Local community support (25%)			■	
	Cohesive communities (25%)			■	
	Strong city-wide identity and culture (25%)				■
	Actively engaged citizens (25%)		■		
Comprehensive security and rule of law (41%)	Effective systems to deter crime (25%)			■	
	Proactive corruption prevention (25%)		■		
	Competent policing (25%)		■		
	Accessible criminal and civil justice (25%)		■		

28 Os resultados aqui calculados baseiam-se exclusivamente nos resultados e percepções expressos no decurso desta investigação. Mais informações sobre os projectos individuais e, sobretudo, sobre a ferramenta de indexação podem dar resultados diferentes.

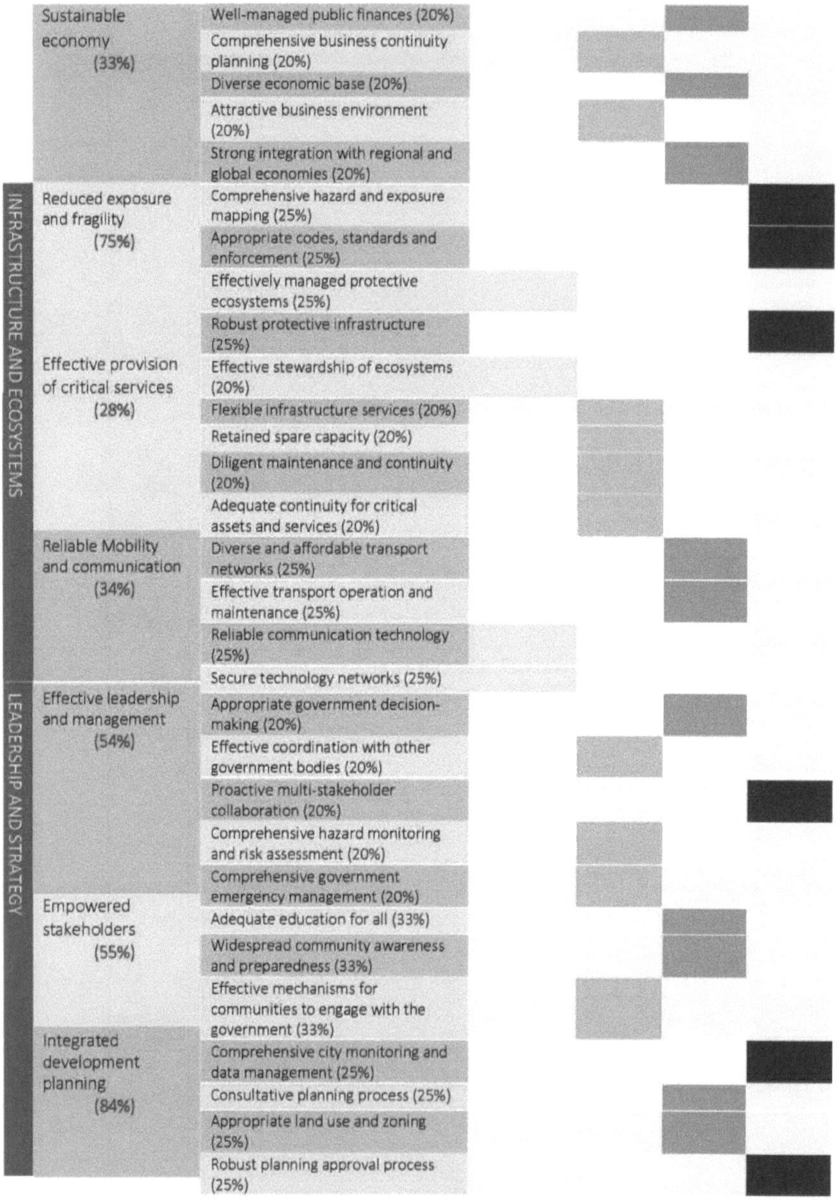

7.2.2.2. Comité Executivo da Colónia de Kibera Soweto

Landlords	Tenants	Widows and orphans	CBOs	NGOs	FBOs	Physically Challenged	Youth	Ex-officio (Chief, area councillor)	TOTAL
2	5	1	1	1	1	1	2	3	18

(Mokua, 2014)

7.2.2.3. Proposta KENSUP para o Plano de Monitorização e Avaliação

Objective	Indicator and Type	Benchmarks	Collection frequency (monthly, quarterly, yearly)	Data Source (report, survey, other)	Who is responsible to collect and analyse the information	Who will use the information	What will be done with the information (specify uses in monitoring and/or evaluation)	Critical assumption

(Kenya Government Printer, 2004)

7.2.3. Resultados do Bio-Centro

7.2.3.1. Número de utilizadores observados durante um período de três dias

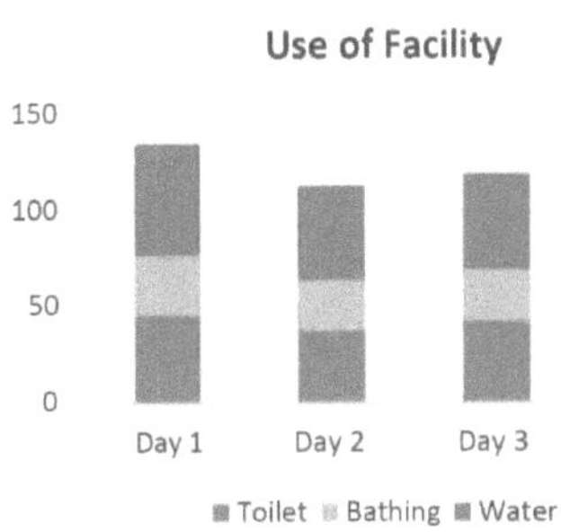

*Todas as observações foram efectuadas durante o dia, entre as 09.30h e as 13.00h.

7.2.3.2. Número de citações de vulnerabilidades durante as entrevistas

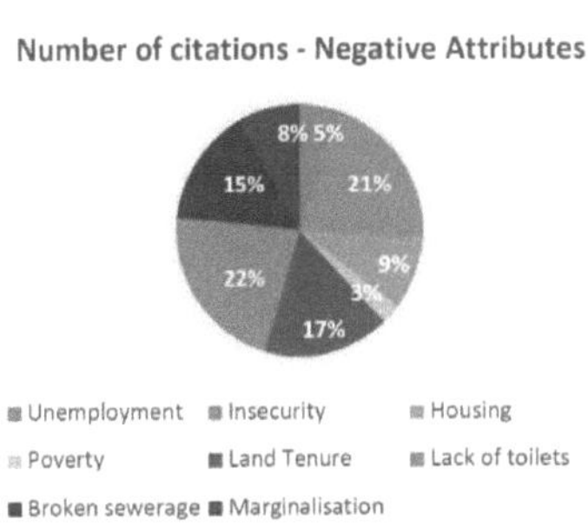

7.2.3.3. Número de citações das qualidades de que beneficiam em Kibera

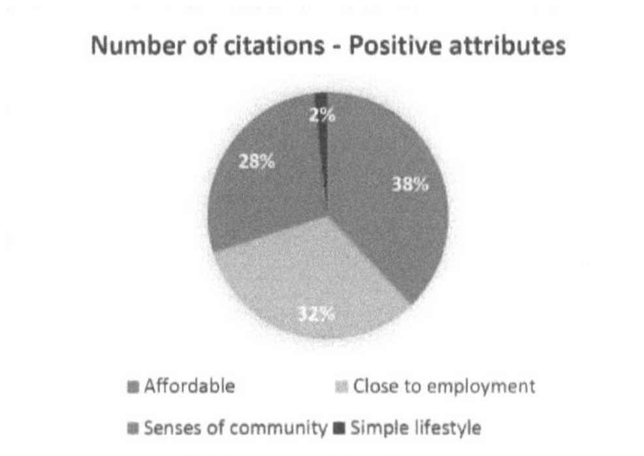

7.2.3.1. Parâmetros do Índice de Resiliência (Bio-Centros)

	GOALS	INDICATORS	NOT CONSIDERED	POOR	AVERAGE	GOOD
HEALTH AND WELLBEING	Minimal human vulnerability (53%)	Safe and affordable housing (20%)	X			
		Adequate affordable energy supply (20%)			X	
		Inclusive access to safe drinking water (20%)				X
		Effective sanitation (20%)				X
		Sufficient affordable food supply (20%)	X			
	Diverse livelihood and employment (52%)	Inclusive labour policies (20%)	X			
		Relevant skills and training (20%)			X	
		Local business development and innovation (20%)			X	
		Supportive financial mechanisms (20%)			X	
		Diverse protection of livelihoods following shock (20%)			X	
	Effective safeguards to human health and life (0%)	Robust public health system (25%)	X			
		Adequate access to quality healthcare (25%)	X			
		Emergency medical care (25%)	X			
		Effective emergency response services (25%)	X			
ECONOMY AND SOCIETY	Collective identity and community support (83%)	Local community support (25%)				X
		Cohesive communities (25%)				X
		Strong city-wide identity and culture (25%)		X		
		Actively engaged citizens (25%)				X
	Comprehensive security and rule of law (67%)	Effective systems to deter crime (25%)			X	
		Proactive corruption prevention (25%)				X
		Competent policing (25%)		X		
		Accessible criminal and civil justice (25%)			X	
	Sustainable economy (60%)	Well-managed public finances (20%)		X		
		Comprehensive business continuity planning (20%)				X
		Diverse economic base (20%)			X	
		Attractive business environment (20%)			X	
		Strong integration with regional and global economies (20%)		X		
INFRASTRUCTURE AND	Reduced exposure and fragility (46%)	Comprehensive hazard and exposure mapping (20%)				X
		Appropriate codes, standards and enforcement (20%)	X			
		Effectively managed protective ecosystems (20%)			X	
		Robust protective infrastructure (20%)			X	
	Effective provision of critical services (86%)	Effective stewardship of ecosystems (20%)				X
		Flexible infrastructure services (20%)				X
		Retained spare capacity (20%)			X	

		Diligent maintenance and continuity (20%)
		Adequate continuity for critical assets and services (20%)
	Reliable Mobility and communication (16%)	Diverse and affordable transport networks (25%)
		Effective transport operation and maintenance (25%)
		Reliable communication technology (25%)
		Secure technology networks (25%)
LEADERSHIP AND STRATEGY	Effective leadership and management (54%)	Appropriate government decision-making (20%)
		Effective coordination with other government bodies (20%)
		Proactive multi-stakeholder collaboration (20%)
		Comprehensive hazard monitoring and risk assessment (20%)
		Comprehensive government emergency management (20%)
	Empowered stakeholders (100%)	Adequate education for all (33%)
		Widespread community awareness and preparedness (33%)
		Effective mechanisms for communities to engage with the government (33%)
	Integrated development planning (67%)	Comprehensive city monitoring and data management (25%)
		Consultative planning process (25%)
		Appropriate land use and zoning (25%)
		Robust planning approval process (25%)

MIX
Papier aus verantwortungsvollen Quellen
Paper from responsible sources
FSC® C105338

Printed by Books on Demand GmbH, Norderstedt / Germany